電波工学

後藤尚久・新井宏之 著

朝倉書店

本書は，株式会社昭晃堂より出版された同名書籍を再出版したものです．

まえがき

　電界と磁界が互いに時間的に変化しながら，空間または伝送路の中を伝搬していくものを電磁波と呼び，簡略化して電波とも呼ばれている．電波を利用したシステムは，現在の生活の中では不可欠なものであり，今後もさらに発展することが予想される．この電波について，その基礎的な特性から応用例について学ぶのが電波工学である．電波工学が電磁気学の上に成り立つため電磁気学をすでに学んでいることが望ましいが，本書では必要に応じて基礎的な法則も説明しているので電波に興味をもつ諸君は気軽に読んでいただきたい．

　電波の発見からそれを利用したさまざまなシステムが実現されるまでには百年以上の歴史がある．電波に対する理解を深める上でも重要な電波工学の歴史的な背景と今後の発展形態について予想されることを第1章で述べている．

　電波工学といってもその範疇に含まれるものは極めて多岐にわたる．本書では，その中でも最も基本的な電波の放射と伝搬に視点をおき説明をしている．電波に関する諸問題は，マックスウェルの方程式を解くことが中心となるが，その方程式は2階の偏微分方程式となり，すべての問題に対して一般的に解くことは困難である．したがって，電波に対する問題を解くことは，その問題の本質をつかんだ近似的なモデルをいかに作成するかが重要となる．

　本書では，さまざまな問題に対して最も適切と考えられるモデルを説明し，それによって問題を解くようにしている．第2章では電波工学に必要な基礎的な法則等を説明し，第3章で電波が空間中にどのように放射されていくかについて説明する．放射された電波が空間中をどのように伝搬するかについては第4章で述べる．電波の放射，伝搬の問題については数多くの教科書で取り上げられている基礎的なものから，現在の電波工学の研究対象になっているものまでの中から重要なものを本書では選んで取り上げている．

　通信，測位，エネルギー利用など電波を利用した応用システムについては第5章で具体例を示しながら説明する．例として，現在すでに実用化されている

ものから21世紀に向けて実用化されるものなど幅広く取り上げている．第5章についてはシステムの基本原理をできる限り平易に解説してあり，第2～4章を理解していることは前提とならないので第5章から読みはじめて電波に対する興味を深めていただくのも一案である．

　電波というものは目に見えないため理解しにくいとよくいわれるが，本書によって電波を見る「目」，すなわち，感覚のようなものを感じていただければ幸いである．

　最後に本書の執筆にあたってお世話をいただいた昭晃堂の小林孝雄氏，橋本成一氏，佐藤直樹氏に感謝する．

1992年2月

著者しるす

目　　次

1章　電波の発見から商業通信まで

1.1　マックスウェルからヘルツまで …………………………………1
1.2　マルコーニと長波の時代 …………………………………………3
1.3　短波の時代 …………………………………………………………4
1.4　有線通信と無線通信 ………………………………………………5
1.5　周波数の分類と呼称 ………………………………………………8

2章　平　面　波

2.1　マックスウェルの方程式 …………………………………………10
2.2　ヘルムホルツ方程式 ………………………………………………14
2.3　平　面　波 …………………………………………………………15
2.4　境　界　条　件 ……………………………………………………18
2.5　平面波の反射 ………………………………………………………20
2.6　ポインティングベクトル …………………………………………27
2.7　偏　　波 ……………………………………………………………28
2.8　磁　　流 ……………………………………………………………30
2.9　伝送路内の電磁波の伝搬 …………………………………………32
　　演　習　問　題 ……………………………………………………46

3章　電磁波の放射

3.1　波源を持つマックスウェル方程式の解 …………………………47
3.2　微小電流素子からの放射 …………………………………………50

3.3 アンテナ定数 ……………………………………………… 53
3.4 等価電磁流 ……………………………………………… 67
3.5 開口面からの放射 ……………………………………… 68
3.6 スロットからの放射 …………………………………… 78
3.7 アレイアンテナ ………………………………………… 80
3.8 平面アンテナ …………………………………………… 85
演習問題 …………………………………………………… 91

4章 電波伝搬

4.1 伝搬の分類 ……………………………………………… 92
4.2 空間波の伝搬 …………………………………………… 93
4.3 対流圏伝搬 ……………………………………………… 100
4.4 電離層伝搬 ……………………………………………… 108
4.5 多重波伝搬 ……………………………………………… 115
4.6 ダイバーシチ受信 ……………………………………… 117
4.7 雑　音 …………………………………………………… 119
演習問題 …………………………………………………… 121

5章 電波応用システム

5.1 陸上通信回線 …………………………………………… 122
5.2 衛星通信 ………………………………………………… 126
5.3 移動体通信 ……………………………………………… 130
5.4 放　送 …………………………………………………… 134
5.5 測位システム …………………………………………… 141
5.6 電磁波のエネルギー利用 ……………………………… 146
演習問題 …………………………………………………… 149

目 次

参 考 文 献 ……………………………………………………150

付　　録 ………………………………………………………151

演習問題略解 …………………………………………………160

索　　引 ………………………………………………………162

1

電波の発見から商業通信まで

1.1 マックスウェルからヘルツまで

　電波による通信の歴史は19世紀に遡るが，理論的にその存在を予測したのはスコットランド生まれの物理学者マックスウェル（Maxwell）である．1860年代から電気と磁気の関係に興味を抱いたマックスウェルは，電気と磁気が媒質中の回転する渦巻の力学的モデルで表せると考えた．そして電界の変化が空間中に変位電流を作りだし，その変位電流が続いて磁界を生成する結果，電磁波が空間中に光の速度で伝搬することを示したのである．マックスウェルが一連の研究をまとめて本として著したのは1873年のことであったが，その数学的記述があまりに難しすぎたため，当時の科学者たちにはなかなか受け入れられず，その理論が証明されるのを待たずに，マックスウェルは1879年に48才で世を去った．マックスウェルの理論が示すものには電磁波（Electromagnetic wave）が光速で空間中を伝搬することを示していた．マックスウェル自身が示した方程式は11もあったが，我々が現在用いている表記法に整理したのは，電離層の存在を予測したことでも知られるヘビサイド（Heaviside）である．
　マックスウェルの業績は電磁波の予言だけではなく，数学や化学の分野まで広範囲にわたっている．例をあげれば，土星の輪の数学的な証明や，初めての疑似カラー写真の撮影，分子科学の分野で有名なマックスウェルの悪魔といわ

れる仮想実験を提案し，気体分子の温度による速度分布で知られるマックスウェル－ボルツマン分布も業績に含まれている．

しかし，マックスウェルの電磁気学に対する業績を考えるとき，ファラデー（Faraday）の電磁界の近接作用による解釈と電磁誘導の発見，またキャベンディシュ（Cavendish），クーロン（Coulomb）の電荷間に働く力の逆2乗の法則の実験的検証，エルステッド（Oerstead）の電流による磁界の生成の発見と，数学的記述によるアンペール（Ampère）の法則といった先人達の業績が重要な役割を果たしていることは否めない．マックスウェルの最大の業績はこれらの先人達の業績をすべて一連の方程式に統合化したことにある．

マックスウェルの理論の実験的な確認は，彼の死後ドイツ人物理学者のヘルツ（Hertz）によってなされることになる．ヘルツは1885年からマックスウェルの理論を電波の速度を測定することによって証明しようとした．ヘルツは研究室の中に数十から数百MHzの電波を発生させ，室内に生じた定在波の分布を測定することから電波の速度を実験的に計算した．ヘルツの実験に関する9編の論文が公表されたのは1887年から1888年であり，マックスウェルの死後9年が経っている．ヘルツはマックスウェルの理論を証明したが，電波を通信に利用することは考えなかった．マックスウェルの理論を証明したときの記者会見で，ヘルツは「私はただ一つの学説を立証したに過ぎない」と述べたといわれている．

ヘルツは電波の周波数を表す単位〔Hz〕にも採用されるほどマックスウェルの理論を実験的に証明したことで一躍有名になったが，ヘルツにわずかばかり遅れて同様の発表を行い歴史の脚注に甘んじたイギリスの物理学者ロッジ（Lodge）がいた．ロッジの実験はヘルツのような空間中を伝送する電磁波の測定とは異なり，線路上を伝わる電波の定在波を測定することによって電波の速度を測定した．ロッジの論文が公表されたのは1888年の8月であり，このときにはヘルツの第1番目の論文が公表された後であった．

1.2 マルコーニと長波の時代

ロッジはマックスウェルの理論を解説する講義の中で,数十メートル離れた地点からモールス(Morse)符号を伝送させた.これが,電磁波を利用して通信を行った最初の例であるといわれる.これ以前にも無線による信号伝送の試みは行われているが,いずれも誘導電磁界,すなわち低周波による信号の直接伝送を利用したものであり,周波数の高い電磁波を信号伝達の媒体として利用したものでは最初であると考えられている.しかし,ロッジの目的は無線を利用した商業通信ではなく,マックスウェルの理論の実証にあった.無線通信と呼ばれるものの実現には,イタリア生まれのマルコーニ(Marcorni)の登場を待つことになる.

マルコーニはヘルツの実験に刺激されて,無線による通信ができないかと考え自ら実験を繰り返した.ヘルツの行った実験は数百 MHz のマイクロ波帯であったため,当時の科学者たちは,無線による通信では光の伝送と同様に見通し内通信となり,見通し外にある遠距離の船舶などとの交信は不可能であると考えていた.しかし,この常識を覆したのがマルコーニである.マルコーニは,ダイポールアンテナの一端を地中に埋め込んだモノポールアンテナを考案し,その長さを長くしていった.その結果,周波数の低い長波帯での無線伝送に見通し外通信で成功したのである.マルコーニの送信機には送信周波数の共振器がなかったため,火花放電によって生じたスペクトルの広い電磁波に対して共振器の役割を果たしたのがアンテナであった.アンテナを長くし,周波数を下げることによって送信アンテナから放射されて伝搬していく電磁波は,空間中を光のように直進していく進み方から,地表に沿って進んでいく地表波が主となっていった.その結果,送信点と受信点の間に丘があるような見通し外の通信が可能となったのである.

地表波は海上においてもよく伝搬し,マルコーニによる無線通信事業は船舶との通信において独占的に発展していくが,やがて国際的な協定の実現ととも

にその独占が崩れていった．地表波を利用した通信では周波数が低いほうが伝搬していくときの損失が小さいため，より遠方との通信を目的として周波数を下げる方向に無線通信は向かっていった．

1.3　短波の時代

　無線通信に周波数の低い電磁波が用いられたもう一つの理由は，高周波増幅回路が開発されていないことであった．しかし，レーダ等の開発に伴う高い周波数領域での回路素子の発展やさまざまな回路方式の研究から，無線通信に対して短波帯と呼ばれる周波数帯を使用する環境は整いつつあった．遠距離通信に長波帯が全盛の頃，見通し外通信の可能性のない短波帯は商業通信からは見向きもされず，アマチュア無線家に開放されていた．アマチュアによる通信は意外性を楽しむものであり，見通し外通信の可能性のない短波帯での通信もその例外ではなかったのである．

　アマチュア無線家による短波帯の開拓は，その予想に反して意外な事実を明らかにした．見通し外通信が不可能と思われていたにもかかわらず，地球の裏側との通信といった，極めて遠距離との通信が可能であることが徐々にわかってきたのである．はじめのうちは半信半疑であった専門家達もこの事実に対して真剣に取り組むようになり，ケネリー（Kennery）とヘビサイドによって大気の上空に電波を反射する鏡のような層，すなわち電離層が存在することが予測されたのである．大気上空に電離層が存在すれば，空間に放射された電磁波は大地や海面と電離層の間を反射しながら伝搬し，地球の裏側との通信も可能となるのである．やがて，実験的にも電離層が確認されると，商業通信は長波帯から短波帯へとその比重を急速に移していった．

　長波帯から短波帯への移行の理由は，まず使用するアンテナが小さくでき，その結果，複数のアンテナ素子を並べることによって，ある特定方向へ電力を集中して放射することが可能となるからである．また，短波帯の電磁波は空間を伝搬するため，地球の表面を沿って伝搬する長波帯よりも伝搬に伴う損失が

小さくできる利点もある．さらに，通信回線の点から考えればより高い周波数帯ではその帯域を広く取れるため，通信需要の増大にも十分対応が可能となるからである．

短波帯での電離層を利用した国際通信は無線通信の主流として発展していったが，急激に増大する通信回線量の問題や，電離層が自然条件に左右される不確定性から，海底ケーブルや衛星を利用した通信へその主役の座を譲り現在に至っている．

1.4 有線通信と無線通信

通信の歴史の中で電気による通信が実用業務となったのは1850年に実施された英仏海底ケーブルによる通信サービスといわれている．それから約50年遅れて英仏海峡横断の無線通信にマルコーニが成功している．その後，有線通信と無線通信は，あるときは一方が注目され次には他方が重視されるなど，それぞれの特徴を生かして電気通信の発展に寄与してきた．

現在，本格的な実用期に入った光ファイバによる通信は，究極の姿の有線通信といわれている．これに対して，静止衛星を利用した通信は無線通信の究極の姿と考えられている．地球大気の雨の日でも少ない減衰で電波の伝送ができる$1 \sim 30$ GHzの周波数が利用され，一つの静止衛星から地球上の約3分の1の地域に対して通信可能となる利点がある．

情報を伝達するのが通信であるが，物を伝送，すなわち運搬するのは交通である．．両者には類似点が多いが，それらの特徴をまとめたものが表1.1である．交通については，線路を必要とする鉄道が有線通信に，空港という点を用意すればよい飛行機が無線通信に対応させることができる．産業革命以来発展してきた交通手段は現在では成熟した段階にあり，鉄道に関しては新幹線が，飛行機に対してはジャンボジェット機が現時点での究極の姿と考えられる．

ここで，通信と交通の伝送容量，または運搬容量を比較してみる．NTTが日本を縦貫して敷設した光ファイバケーブルは，伝送速度が400 Mb/sのファ

イバが24本であり，電話に換算すると約15万チャネルとなる．これに対して，最新の通信衛星であるインテルサット6号は電話換算で約7万チャネルの容量を持っている．これらの比はおよそ2対1である．1列車の新幹線と1機のジャンボジェット機の定員の比は表1.1に示すように3対1であり，有線と無線の比に似ている．ただし，これらの容量は技術的な限界を示すものではなく，需要や経済性などの事情から決められたものである．

表1.1 通信および交通の歴史と特徴の比較

	通信		交通	
	有線	無線	有線	無線
	1850年 英仏海底ケーブル	1899年 英仏海峡横断 無線通信	1825年 鉄道 スティブンスン	1903年 飛行機 ライト兄弟
現在	光ファイバ通信	衛星通信	新幹線	ジャンボジェット機
容量	電話15万チャネル (NTT日本縦貫 光ケーブル)	電話7万チャネル (インテルサット6号)	1列車 1500人	1機 500人
経済性の優劣	1000 km 以下	1000 km 以上	1000 km 以下？ (東京 – 広島) 800 km	1000 km 以上？ (東京 – 福岡) 1200 km
日本	○ (大都市は1000km以内に分布)		○	
米国		○ (大都市は1000km以遠に分布)		○

光ファイバ通信の中継間隔は30〜50 kmであるが，衛星通信の中継は静止軌道上の一点であるから地上の距離にはほとんど依存しない．したがって，通信間隔が近ければ光ファイバ通信が有利であり，遠くなれば衛星通信が有利になる．その経済性の分岐点は米国では1000 kmといわれている．一方，交通でも近ければ新幹線が，遠ければ飛行機が有利なことは同じである．例として，東京から800 kmの広島へは新幹線を利用し，1200 kmの福岡へは飛行機を使うことが多いので1000 kmという分岐点が交通でも成り立つといえる．日本のような狭い国土では，約1000 kmの半径の中に主要な都市が入るため鉄道による交通が発達したが，米国では1000 km以上の距離間隔で大都市があるため飛行機による交通が主となっている．

1.4 有線通信と無線通信

　以上のような通信と交通の類似点があるが，産業革命以来発展してきた交通は通信より先行している．現在は農業革命，産業革命に続く第三の革命として情報・通信に関する革命が進行しているといわれる．したがって，先行している交通から通信の将来を予測することは，両者に類似点が多いことから有効であると考えられる．交通と通信の類似性から特に無線通信の将来形態についてまとめたものが表1.2である．鉄道に関しての産業規模は，世界的にみれば「小」であるがわが国に関しては「中」程度と考えられる．また，航空機は世界的には「中」であるが，わが国では「小」である．産業規模で世界的にみても最も大きなものは自動車である．自動車の中でもトラック等の業務用より自家用自動車の占める割合のほうが非常に大きい．「いつでも，どこでも，どこへでも」行くことができるという人間の欲望を満足させることができるためと考えられる．また，自家用自動車の特徴はトラックなどに比較して実際に運転する時間が少なく，道路の利用率が小さいことである．自家用自動車に対応する通信手段は，「いつでも，どこでも，だれとでも」通信できる携帯電話であるから，現在の自動車電話を一歩進めた携帯電話が大きい産業になると予想される．携帯電話は自家用自動車と同じように時間的な利用率が少ないことは，周波数の利用効率の上では有利である．

表1.2　産業規模の比較

	交通　　（規模）	通信　　（規模）
有線	鉄道　　　　（小）	光ファイバ通信（？）
無線	航空機　　　（中）	衛星通信　　（？）
	自動車	移動通信
	トラック　（中）	MCA等　　（中）
	自家用自動車（大）	携帯電話　（大）
	（利用率 小）	（利用率 小）

　移動通信が普及するために解決しなければならない問題点を，先行している交通を例にとって自動車が普及した条件と対比してまとめたものが表1.3である．まず，自動車の値段が高くないことが条件である．携帯電話機も小型，軽量かつ安価にならなければならないが，この条件はかなり達成されてきた．次に必要となるのが自動車の場合では，自動車が走るための道路への巨額の投資

である．これにはガソリン税が利用されたが，道路の建設によってはじめて自動車が普及したと考えられる．携帯電話では多数の基地局をどのように設置するかが普及するための鍵となると考えられる．周波数は土地に比較される貴重な資源であり，移動通信用として新たな周波数を開拓する必要もあるが，技術の改良によって周波数の有効利用を計ることも必要である．

表 1.3 移動通信普及の条件

	交 通	通 信
小型，安価	自 動 車	携帯電話機
巨額の投資	道　　路	無線回線（基地局）
有 効 利 用	道路用地	周波数

1.5 周波数の分類と呼称

電波の単位としては周波数の〔Hz〕が用いられるが，電波は波であるためその波長の長さによっても分類できる．波長 λ と周波数 f の関係は光の速度 c を 3×10^8〔m/s〕と近似して次のように求められる．

$$\lambda = \frac{c}{f} \simeq \frac{3 \times 10^8 〔\mathrm{m/s}〕}{f〔\mathrm{Hz}〕}〔\mathrm{m}〕,$$

$$\simeq \frac{300}{f〔\mathrm{MHz}〕}〔\mathrm{m}〕, \simeq \frac{300}{f〔\mathrm{GHz}〕}〔\mathrm{mm}〕 \qquad (1.1)$$

電波はその周波数によって分類したものが表 1.4 である．3 kHz 以下の周波数も電波として使うこともできるがその用途は限られている．また，明確な定義はないが，数百 MHz～30 GHz の周波数をマイクロ（micro）波と呼ぶ．マイクロ波の語源は，この周波数帯では電波が光のように直進し，送信点と受信点の間に極めて細い線を張って通信をしているとのイメージからでたものとされている．公式な分類ではないが，マイクロ波帯の周波数はさらに六つのバンドに分類して呼ばれることがある．この分類はレーダの使用周波数による分類であるが慣用的によく使用される．本書での周波数分類は LF，MF 帯といった英語の略称を主に用いるが，表 1.4 に示される他の分類法も適宜使用する．

1.5 周波数の分類と呼称

電波として現在利用されている周波数は，極めて広く，表 1.4 の 300 GHz 以下の周波数ではその目的に応じた用途が存在する．しかし，EHF 帯以上の周波数での用途は極めて少ない．さらに高い周波数は光の領域になるが，電波工学の扱う対象とはならない．

表 1.4 周波数帯の名称

周波数	3 kHz	30 kHz	300 kHz	3 MHz	30 MHz	300 MHz	3 GHz	30 GHz	300 GHz
略称	VLF	LF	MF	HF	VHF	UHF	SHF	EHF	
名称	超長波	長波	中波	短波	超短波	極超短波			
							マイクロ波	ミリ波	サブミリ波

	GHz 1.0	2.0	4.0	8.0	12.4	18.0	26.5	40
バンド名	L	S	C	X	Ku	K	Ka	

$\begin{pmatrix} \text{V} \cdots \text{Very, L} \cdots \text{Low, M} \cdots \text{Medium, H} \cdots \text{High, U} \cdots \text{Ultra} \\ \text{S} \cdots \text{Super, E} \cdots \text{Extremely, F} \cdots \text{Frequency} \end{pmatrix}$

2

平 面 波

本章では電磁波の伝搬を扱うために,電磁気学で学んだアンペールとファラデーの法則を再確認し,マックスウェルの方程式を導く.マックスウェルの方程式から波動方程式を導出し,その解としての電磁波が光速で空間中を伝搬することを示す.現実の電波伝搬では複雑な障害物があるが,それら障害物間の境界で電磁界の満たすべき境界条件を導き,異なる媒質間の平面波の伝搬問題について扱う.また,電磁波の放射素子であるアンテナ等の問題を考えるときに有効な磁流の概念も示す.

2.1 マックスウェルの方程式

空間中を伝搬する電磁波を扱うために,空間中のマックスウェルの方程式と,波動方程式を導く.空間とは,導電率が0の絶縁体である媒質を意味する.

電磁気学で学んだ重要な法則に,アンペールの周回積分の法則とファラデーの法則がある.1820年にエルステッドが偶然に発見した電流と磁界との関係を知ったアンペールはその関係を数学的に示した.このアンペールの周回積分の法則と呼ばれるものは,図2.1のように線状電流Iの流れている回りに閉路Cを取るとき,電流Iによって生じる磁界Hを閉路Cに沿って周回積分を行った値は電流の値Iに等しいというものである.磁界を周回積分するということは,閉路Cを細かく分割し,それぞれの分割した部分dlに平行な磁界成分の

値に dl を乗じて閉路 C ですべてにわたって足し合わせたことに相当する.

$$\oint_C \boldsymbol{H} \cdot d\boldsymbol{l} = I \tag{2.1}$$

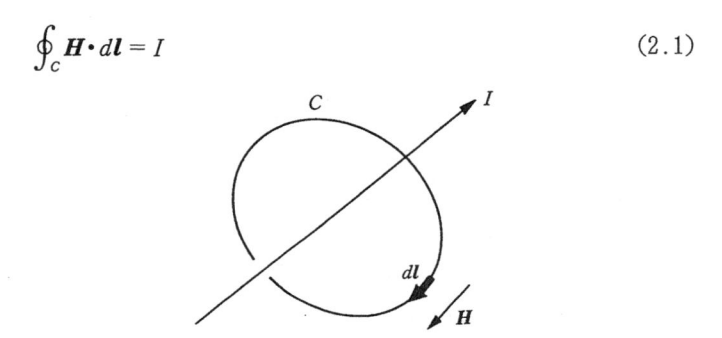

図 2.1　電流 I と閉路 C

ここで，電流が線状ではなく有限の断面を持って存在するときを考える．電流の単位面積当たりの電流密度を $\boldsymbol{J}$ で表すとき，この電流と交わる法線ベクトル $\boldsymbol{n}$ を持つ断面 S を考え，図 2.2 のように断面の周囲を閉路 C とする．断面 S を垂直に通過する電流の成分は $\boldsymbol{J} \cdot \boldsymbol{n}$ で与えられるため，断面 S 内すべての電流は $\boldsymbol{J} \cdot \boldsymbol{n}$ を S で面積積分することで求められる．これを式 (2.1) の右辺と置き換えればアンペールの周回積分の法則の積分表示式が得られる．

$$\oint_C \boldsymbol{H} \cdot d\boldsymbol{l} = \int_S \boldsymbol{J} \cdot \boldsymbol{n} \, dS \tag{2.2}$$

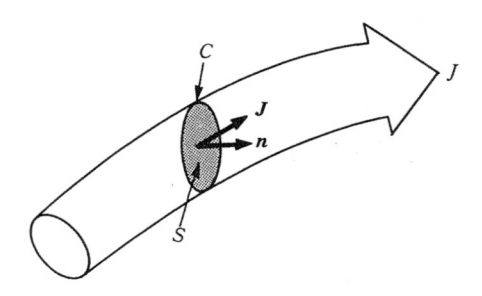

図 2.2　電流密度 $\boldsymbol{J}$ と断面 S

電流が磁界をつくることから，その逆の磁界から電流をつくれるはずだとして研究に取り組んだのがファラデーであり，コイル中の磁界を変化させること

でその事実を発見したのが1831年である．このコイルに発生する起電力の向きを特定したのがレンツであり，磁界の変化量と起電力の大きさはノイマンによって明らかにされた．この変化する磁界が閉路 C に起電力を発生させる法則はファラデーの法則と呼ばれ，図 2.3 に示す閉路 C と鎖交している磁束 $\boldsymbol{B}$ が変化するとき，その時間変化の減少の割合に等しい起電力が閉路 C に発生することを表している．閉路 C で囲まれた領域を S とし，その法線ベクトルを $\boldsymbol{n}$ として，その積分表示式は次式で与えられる．

$$\oint_C \boldsymbol{E} \cdot d\boldsymbol{l} = -\frac{\partial}{\partial t} \int_S \boldsymbol{B} \cdot \boldsymbol{n} \, dS \tag{2.3}$$

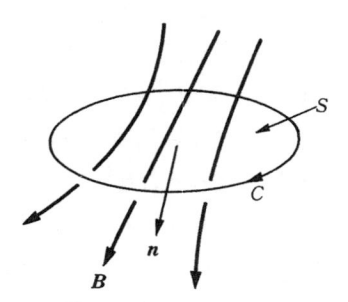

図 2.3 閉路 C と鎖交磁束

アンペールの周回積分の法則と，ファラデーの法則は独立なものであるが，変位電流を導入することによって一体化される．変位電流はコンデンサに加えた交流電流で説明される．図 2.4 のようにコンデンサに蓄えられた電荷が充電，放電を繰り返すことによってコンデンサには交流電流が流れる．このときコンデンサ内では電束 D が時間的に変化することに着目し，電束 D の時間変化の割合を変位電流と呼び，変位電流もアンペールの法則の電流と同じ磁界をその周囲につくるものとして，式 (2.2) の右辺に変位電流の項を加えアンペールの周回積分の法則は次のように拡張される．

$$\oint_C \boldsymbol{H} \cdot d\boldsymbol{l} = \int_S \boldsymbol{J} \cdot \boldsymbol{n} \, dS + \frac{\partial}{\partial t} \int_S \boldsymbol{D} \cdot \boldsymbol{n} \, dS \tag{2.4}$$

この拡張されたアンペールの周回積分の法則と，ファラデーの法則の二つを，

2.1 マックスウェルの方程式

変位電流を導入したマックスウェルの名前をとって，マックスウェルの基礎方程式と呼ぶ．

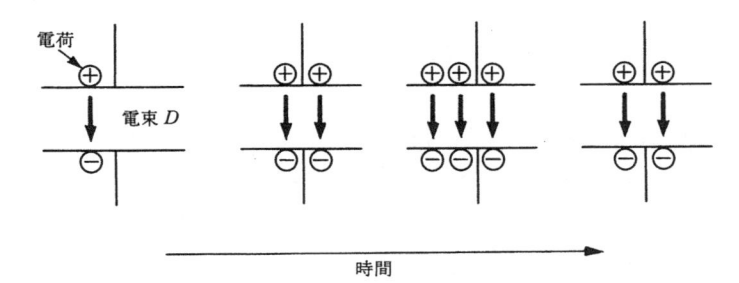

図2.4 コンデンサに加えた交流と電荷，電束

式 (2.3) と式 (2.4) の二つの方程式の左辺の周回積分の項をストークスの定理によって面積積分に変形し，空間のいたるところで成り立つために積分を行う面積を十分小さくとれば，方程式の被積分関数が等しくなりマックスウェルの基礎方程式の微分表示形が得られる．

$$\nabla \times \boldsymbol{H} = \boldsymbol{J} + \frac{\partial \boldsymbol{D}}{\partial t} \tag{2.5}$$

$$\nabla \times \boldsymbol{E} = -\frac{\partial \boldsymbol{B}}{\partial t} \tag{2.6}$$

一般的に，方程式を解析的に扱う場合には，ベクトル公式が使えるため微分表示形が便利であるが，コンピュータ等で数値的に計算するには積分表示式の方が扱いやすい．これは，微分するときには不連続が生じるのに対して，積分では不連続が起こりにくいからである．

電磁気学の基礎的な法則に，電荷の値はそれから発生する電束数に等しいという電束に対するガウス (Gauss) の法則と，単極の磁荷は存在しないことを考慮した磁束に対するガウスの法則の以下に示す微分表示形があるが，マックスウェルの二つの基礎方程式に，この二つを加えた四つの方程式を一般的にマックスウェルの方程式と呼ぶ．

$$\nabla \cdot \boldsymbol{D} = \rho \tag{2.7}$$

$$\nabla \cdot \boldsymbol{B} = 0 \tag{2.8}$$

ここで，ρ は電荷分布の体積密度である．

2.2 ヘルムホルツ方程式

式 (2.5) ～ (2.8) を与えられた条件を満足するように電磁界を求めることが電波工学の問題を扱うために必要であるが，電界，電束，磁界，磁束の四つの変数として方程式が表されているので，方程式を解くため変数を一つにした方程式を導き電磁界を求めることにする．

方程式を考える媒質は絶縁体の等方性空間で，誘電率，透磁率は ε，μ であるとする．等方性であるとは，空間中の 1 点から回りを見渡すとき，どの方向の媒質定数も同じとなることである．方向によって媒質定数が異なるものを異方性媒質と呼び，誘電率，透磁率はテンソル表示される．等方性のとき，電束，磁束は $\boldsymbol{D} = \varepsilon \boldsymbol{E}$，$\boldsymbol{B} = \mu \boldsymbol{H}$ と表せ，マックスウェルの方程式に代入することにより電束と磁束の項が電界と磁界に書き改められる．さて，マックスウェルの方程式から磁界を消去して電界に対する方程式をつくるため式 (2.6) の両辺の回転をとると次式が得られる．

$$\nabla \times \nabla \times \boldsymbol{E} + \mu \frac{\partial}{\partial t}(\nabla \times \boldsymbol{H}) = 0 \tag{2.9}$$

上式の第 2 項に式 (2.5) を代入して磁界の項を消去し，第 1 項にベクトル公式 (2.10) を適用して，式 (2.7) より $\nabla \cdot \boldsymbol{E} = \rho/\varepsilon$ を代入すると次式が得られる．

$$\nabla \times \nabla \times \boldsymbol{A} = \nabla(\nabla \cdot \boldsymbol{A}) - \nabla^2 \boldsymbol{A} \tag{2.10}$$

$$\nabla \frac{\rho}{\varepsilon} - \nabla^2 \boldsymbol{E} + \mu \frac{\partial \boldsymbol{J}}{\partial t} + \varepsilon \mu \frac{\partial^2 \boldsymbol{E}}{\partial t^2} = 0 \tag{2.11}$$

同様の手順でマックスウェルの方程式から電界を消去して磁界に対する方程式をつくるために，式 (2.5) の回転をとり式 (2.6) を代入し，式 (2.8) を考慮して次式が求められる．

$$-\nabla^2 \boldsymbol{H} - \nabla \times \boldsymbol{J} + \varepsilon\mu \frac{\partial^2 \boldsymbol{H}}{\partial t^2} = 0 \tag{2.12}$$

電波工学で扱う問題は，ほとんどの場合，電磁界が時間に対して角周波数ωで正弦的に変化するため，その時間変化が時間因子$e^{j\omega t}$で表されるものとすれば式 (2.11), (2.12) の時間に関する偏微分は$j\omega$で置き換えられて以下のように表せる．

$$\nabla^2 \boldsymbol{E} + k^2 \boldsymbol{E} = \nabla \frac{\rho}{\varepsilon} + j\omega\mu \boldsymbol{J} \tag{2.13}$$

$$\nabla^2 \boldsymbol{H} + k^2 \boldsymbol{H} = -\nabla \times \boldsymbol{J} \tag{2.14}$$

$$k = \omega\sqrt{\varepsilon\mu} = \frac{2\pi f}{v} = \frac{2\pi}{\lambda} \tag{2.15}$$

ここで，式 (2.13), (2.14) はベクトルヘルムホルツ (Helmholtz) 方程式と呼ばれる．kは電磁波の伝搬を決定する定数で伝搬定数という．ここで，$1/\sqrt{\varepsilon\mu}$は速度の単位を持つためこれをv〔m/s〕とすれば，周波数をf〔Hz〕として角周波数は$\omega = 2\pi f$で表され，f/vは長さの単位を持つためこれを電磁波の波長λとする．なお，本書ではことわりがない限り時間因子として$e^{j\omega t}$を採用しているものとし，式の記述からは特に指定のないかぎり省略する．

さらに，波源から十分に離れた位置での電磁界を考えるとき，波源である電荷ρおよび電流$\boldsymbol{J}$は空間中に存在しないため零とおいて，式 (2.13), (2.14) は波源のないヘルムホルツ方程式として以下のように表される．

$$\nabla^2 \boldsymbol{E} + k^2 \boldsymbol{E} = 0 \tag{2.16}$$

$$\nabla^2 \boldsymbol{H} + k^2 \boldsymbol{H} = 0 \tag{2.17}$$

2.3 平面波

電磁波が光の速度で空間中を進む理由を，平面波と呼ばれる理想的な波を対象にして考えてみる．平面波は無限遠方に無限の広がりを持つ波源が存在したときに存在する波であるが，現実に存在する波源から放射状に広がっていく波

を，局所的に見れば平面波とみなすこともできる．

2.2節で得られた波源から十分に離れた位置，すなわち波源のない電界に対するヘルムホルツ方程式 (2.16) を，直交座標系で成分表示すると x, y, z を各成分方向の単位ベクトルとして次のように表せる．

$$\left(\frac{\partial^2}{\partial x^2}+\frac{\partial^2}{\partial y^2}+\frac{\partial^2}{\partial z^2}\right)(E_x\boldsymbol{x}+E_y\boldsymbol{y}+E_z\boldsymbol{z})$$
$$+k^2(E_x\boldsymbol{x}+E_y\boldsymbol{y}+E_z\boldsymbol{z})=0 \qquad (2.18)$$

平面波が無限遠方で xy 面に無限に，かつ一様に広がる波源を持つとすると，x および y 方向に電磁波は一様となるため，x, y に関して偏微分を行った項は零となる．また，簡単のため電界は x 成分しか持たないものとすると，$E_y=E_z=0$ として，式 (2.18) は E_x 成分のみの波動方程式として表される．

$$\frac{\partial^2 E_x}{\partial z^2}+k^2 E_x=0 \qquad (2.19)$$

この波動方程式は z の関数が $e^{\pm jkz}$ であるときに満足されるため，その解は e^{-jkz} と e^{+jkz} の線形和として表せる．

$$E_x=E_1 e^{-jkz}+E_2 e^{jkz} \qquad (2.20)$$

ここで，E_1, E_2 は任意の定数で，平面波が異なる媒質等を通過するとき，または障害物での反射，屈折等の境界条件で決定される．

平面波の解として得られた式 (2.20) が時間に対してどのような振舞いをするのかを調べるため，省略されている時間因子 $e^{j\omega t}$ を乗じて整理する．

$$e^{j\omega t}E_x=E_1 e^{jk(vt-z)}+E_2 e^{jk(vt+z)} \qquad (2.21)$$

$$v=\frac{\omega}{k}=\frac{1}{\sqrt{\varepsilon\mu}} \qquad (2.22)$$

式 (2.21) の第1項で，時間 t が増加していくときに $vt-z$ を一定にするためには，z は正の方向に増加する必要がある．このときの増加する速度は v であり，$vt-z$ が一定となる平面波の波面が z の正方向に速度 v で移動することを示している．同様にして第2項が z の負の方向に速度 v で伝搬することが説明でき，式 (2.21) は z の正負の方向に進む波の合成波として理解できる．

2.3 平面波

電磁波が伝搬する空間を真空中とすると，その誘電率，透磁率は$\varepsilon_0 = 8.854 \times 10^{-12}$ [F/m]，$\mu_0 = 4\pi \times 10^{-7}$ [H/m] であることから，$v = 2.998 \times 10^8$ [m/s] となり光の速度と一致する．したがって，平面波は真空中を光速で伝搬していることがわかる．

平面波の磁界成分は，マックスウェルの方程式 (2.6) に平面波の条件を用いることにより H_y 成分のみが存在し，E_x 成分と次の関係式を満足する．

$$-j\omega\mu H_y = \frac{\partial E_x}{\partial z} \tag{2.23}$$

上式と式 (2.20) から H_y 成分が求められ，

$$H_y = \frac{1}{\eta}(E_1 e^{-jkz} - E_2 e^{jkz}) \tag{2.24}$$

$$\eta = \sqrt{\frac{\mu}{\varepsilon}} \tag{2.25}$$

ここで磁界成分と電界成分の比例定数 $1/\eta$ において，η を波動インピーダンス (impedance) と定義し，真空中での値は $376.7 \fallingdotseq 120\pi$ [Ω] となる．このように，電界および磁界成分は波の進行方向に対して垂直に変化する横波であり，進行方向に垂直な断面で $e^{j\omega t}$ の関数に従って電磁界成分が時間変化する．電界，磁界が相伴う横波である波動を電磁波と呼び，簡略化して電波と呼ばれる．これに対して音波のような波の進行方向に時間変化する波を縦波という．

これまでは導電性のない，$\sigma = 0$ の空間を考えてきたが，一般的には σ は存在するため，誘電率に損失分を加えた複素数 $\varepsilon + \sigma/j\omega$ で表すと，そのときの伝搬定数 k は式 (2.15) から次のように表される．

$$k^2 = \omega^2 \varepsilon\mu - j\omega\mu\sigma \tag{2.26}$$

ここで伝搬定数の実部と虚部をそれぞれ β，α とすれば

$$k = \beta - j\alpha \tag{2.27}$$

$$\alpha = \omega\sqrt{\varepsilon\mu}\sqrt{\frac{1}{2}\left\{\sqrt{1+\left(\frac{\sigma}{\omega\varepsilon}\right)^2} - 1\right\}} \tag{2.28}$$

$$\beta = \omega\sqrt{\varepsilon\mu}\sqrt{\frac{1}{2}\left\{\sqrt{1+\left(\frac{\sigma}{\omega\varepsilon}\right)^2}+1\right\}} \qquad (2.29)$$

平面波が z の正の方向に伝搬するとき,伝搬方向の関数は e^{-jkz} で表されるので,α は振幅が $e^{-\alpha z}$ で指数関数的に減少することを示す減衰定数という.また,β は位相が $e^{-j\beta z}$ で変化することを表す位相定数という.

金属のように導伝率 σ が非常に大きいときには,$\sigma \gg 1$ として減衰定数 α は次のように近似される.

$$\alpha \fallingdotseq \sqrt{\frac{\omega\mu\sigma}{2}} \qquad (2.30)$$

ここで,振幅が $1/e$ になるときの金属表面からの距離を表皮厚 δ と定義する.

$$\delta = \frac{1}{\alpha} = \sqrt{\frac{2}{\omega\mu\sigma}} \qquad (2.31)$$

表皮厚 δ で電力は $1/e^2$ に減少するため,金属表面から δ までの領域でほとんどの電力が熱損として消費される.このとき導電率 σ は単位長さ当たりの値であり,$\sigma\delta$ は金属表面の単位面積での導電率となるため,その逆数を表皮抵抗として定義する.

$$R_S = \frac{1}{\delta}\cdot\frac{1}{\sigma} = \sqrt{\frac{\omega\mu}{2\sigma}} \qquad (2.32)$$

導電率の大きな媒質の表面には表皮抵抗の値を持つ抵抗膜があるものと等価とみなせ,マイクロ波領域での導体の損失を評価できる.

2.4 境界条件

平面波が均一な空間を伝搬するときには,その振幅は変化せず,位相も不連続を生じない.しかし,透磁率や誘電率の媒質定数の異なる領域にまたがって伝搬するときには,各領域間での境界で電磁界の成分は境界条件を満足するように反射,および透過が生じる.ここでは,電磁界の境界条件について調べておく.

2.4 境界条件

図2.5のような二つの媒質定数の異なる領域が接しているとき，二つの領域にまたがる境界面に垂直な微小方形ループ (loop) C で囲まれた面 S を考える．境界面に垂直で領域 I 方向を向く単位ベクトルを $\boldsymbol{n}$ とし，面の法線ベクトルを $\boldsymbol{n}_s$，境界面に沿った $\boldsymbol{n} \times \boldsymbol{n}_s$ で定義される単位ベクトルを $\boldsymbol{n}_t$ とする．

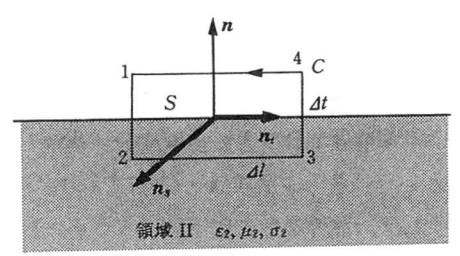

図2.5 境界での閉路 C

式 (2.3) と式 (2.4) の積分表示形のアンペールの法則とファラデーの法則を面 S 内に適用すると次式が得られる．

$$\oint_C \boldsymbol{E} \cdot d\boldsymbol{l} = -\frac{\partial}{\partial t}\int_S \boldsymbol{B} \cdot \boldsymbol{n}_s \, dS \tag{2.33}$$

$$\oint_C \boldsymbol{H} \cdot d\boldsymbol{l} = \int_S \boldsymbol{J} \cdot \boldsymbol{n}_s \, dS + \frac{\partial}{\partial t}\int_S \boldsymbol{D} \cdot \boldsymbol{n}_s \, dS \tag{2.34}$$

周回積分を行うとき，境界面にまたがる部分，$1 \to 2$ と $3 \to 4$ は被積分関数は等しいが，向きが互いに逆であるため相殺されて，$4 \to 1$，$2 \to 3$ の部分の積分が残る．面 S が十分小さく，その中で，磁束，電束，および電流は一定となるものとし，面 S は二つの領域に等分されているものとすれば

$$(-\boldsymbol{E}_1 + \boldsymbol{E}_2) \cdot \boldsymbol{n}_t \Delta l = -\frac{\partial}{\partial t}(\boldsymbol{B}_1 + \boldsymbol{B}_2) \cdot \boldsymbol{n}_s \Delta l \frac{\Delta t}{2} \tag{2.35}$$

$$(-\boldsymbol{H}_1 + \boldsymbol{H}_2) \cdot \boldsymbol{n}_t \Delta l = \boldsymbol{J} \cdot \boldsymbol{n}_s \Delta l \Delta t + \frac{\partial}{\partial t}(\boldsymbol{D}_1 + \boldsymbol{D}_2) \cdot \boldsymbol{n}_s \Delta l \frac{\Delta t}{2} \tag{2.36}$$

ここで，電磁界の添字は各領域内での値であることを示す．ループの幅 Δt を

十分小さくした極限値 $\Delta t \to 0$ をとると，磁束，電束は無限大の値を取らないので，式 (2.35) の右辺，および式 (2.36) の右辺第2項の極限値は零となる．しかし，電流 J は境界面に集中して流れるため，その極限値を面電流密度 K とおくと式 (2.35)，(2.36) の $\Delta t \to 0$ での極限値は以下のように表せる．

$$(\boldsymbol{E}_1 - \boldsymbol{E}_2) \cdot \boldsymbol{n}_t = 0 \tag{2.37}$$

$$(\boldsymbol{H}_1 - \boldsymbol{H}_2) \cdot \boldsymbol{n}_t = -\boldsymbol{K} \cdot \boldsymbol{n}_S \tag{2.38}$$

これは異なる媒質の境界面での電界の境界面に対する接線成分が等しくなり，磁界の接線成分の不連続が境界面で面電流を作ることを示している．また，面電流が存在しないような境界では磁界の接線成分は連続となる．ここで $\boldsymbol{n}_t = \boldsymbol{n} \times \boldsymbol{n}_s$ を上式に代入し，ベクトル公式 $\boldsymbol{A} \cdot (\boldsymbol{B} \times \boldsymbol{C}) = \boldsymbol{C} \cdot (\boldsymbol{A} \times \boldsymbol{B})$ を用いて上式の左辺を変形すれば，境界条件は以下のように書き改められる．

$$\boldsymbol{n} \times (\boldsymbol{E}_1 - \boldsymbol{E}_2) = 0 \tag{2.39}$$

$$\boldsymbol{n} \times (\boldsymbol{H}_1 - \boldsymbol{H}_2) = \boldsymbol{K} \tag{2.40}$$

電波工学での問題での多くは，金属や大地を完全導体と近似して扱うことができる．図 2.5 で領域 II を完全導体とすれば，その内部で電界，磁界成分は零となるため

$$\boldsymbol{n} \times \boldsymbol{E}_1 = 0 \tag{2.41}$$

$$\boldsymbol{n} \times \boldsymbol{H}_1 = \boldsymbol{K} \tag{2.42}$$

境界条件として完全導体面上では電界の接線成分が零，磁界の接線成分によって面電流が金属表面につくられることになる．

2.5 平面波の反射

電磁波は障害物のある複雑な環境のもとで伝搬するが，これらをすべて厳密に考慮することは不可能であり，さまざまな近似的な手法を用いる．その中で，最も簡単なモデルが平面波による反射の問題である．

（1） 垂 直 入 射

図 2.6 のように原点から z 方向に L だけ離れたところに，xy 面に無限に広

2.5 平面波の反射

がる完全導体板がある場合を考える．電界の x 成分を持つ平面波が z の正方向に振幅 E_0 で進むとき，導体板からの反射波は z の負方向に進むため，その振幅を E_r とすれば，空間中の電界成分は入射波と反射波の和として次のように表される．

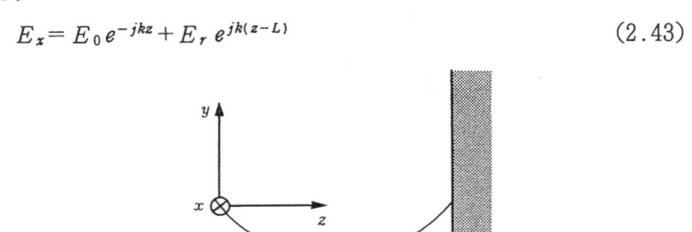

$$E_x = E_0 e^{-jkz} + E_r e^{jk(z-L)} \quad (2.43)$$

図2.6 完全導体板と座標系

$z = L$ には完全導体板があるため，境界条件から電界の接線成分，すなわち x 成分が零となるため次の境界条件が得られる．

$$E_0 e^{-jkL} + E_r = 0 \quad (2.44)$$

上式より反射波の振幅 E_r は入射波の振幅 E_0 で表され，式 (2.43) に代入すると E_x 成分の z 方向の分布が得られる．

$$E_x = E_0 \{ e^{-jkz} - e^{jk(z-2L)} \} = E_0 e^{-jkL} \{ e^{-jk(z-L)} - e^{jk(z-L)} \}$$
$$= -2jE_0 e^{-jkL} \sin k(z-L) \quad (2.45)$$

電界の振幅の絶対値をとると

$$|E_x| = 2E_0 |\sin k(z-L)| \quad (2.46)$$

伝搬定数は $k = 2\pi/\lambda$ で与えられるため，E_x 成分の分布は図 2.7 に示すように周期が $\lambda/2$ であり，振幅が零となる点は時間に無関係で動かず，このような電界の分布を定在波という．

平面波は磁界の y 成分を持つため，式 (2.23) より H_y 成分の z 方向分布を求めると

$$|H_y| = \frac{2E_0}{\eta} |\cos k(z-L)| \quad (2.47)$$

図中点線で示す分布のように E_x 成分と H_y 成分は $\lambda/4$，位相にして $\pi/2$ だけ

ずれていることになる．

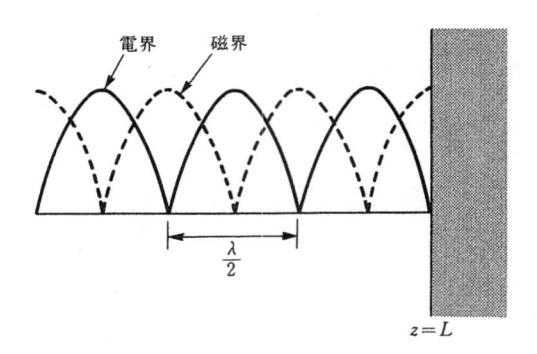

図2.7 定在波のZ方向分布

次に図2.8のように媒質定数の異なる領域Iから領域IIへ境界面に対して垂直に電磁波が入射する場合を考える．入射波の境界面での振幅をE_1, H_1とするとき境界面での電界の反射係数をΓとすれば，反射波の境界面での電界は$\Gamma \cdot E_1$，磁界は伝搬方向が逆になるため$-\Gamma H_1$と表せる．境界面での領域IIへ透過する電磁界をE_2, H_2とすれば，境界面に面電流が存在しないとき，境界条件より電界と磁界の接線成分は等しくなり次式が得られる．

$$(1+\Gamma)\boldsymbol{E}_1 = \boldsymbol{E}_2 \tag{2.48}$$

$$(1-\Gamma)\boldsymbol{H}_1 = \boldsymbol{H}_2 \tag{2.49}$$

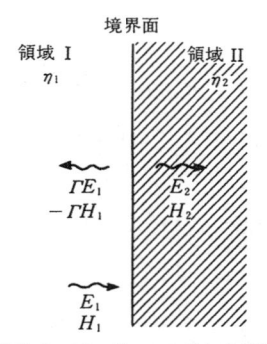

図2.8 波動インピーダンスの異なる境界での反射

式(2.48)を式(2.49)で除することから，領域I，IIの波動インピーダンス

を $\eta_1 = E_1/H_1$, $\eta_2 = E_2/H_2$ とすることにより，反射係数と波動インピーダンスの関係式が得られる．

$$\frac{1+\varGamma}{1-\varGamma} = \frac{\eta_2}{\eta_1} \tag{2.50}$$

上式を $\varGamma$ について解けば，反射係数 $\varGamma$ は二つの領域の波動インピーダンスから求められ，異なる領域の波動インピーダンスがわかれば境界面での反射係数が求められる．

$$\varGamma = \frac{\eta_2 - \eta_1}{\eta_2 + \eta_1} \tag{2.51}$$

二つの領域の波動インピーダンスが等しいときには反射係数は零となり，領域Ⅱが完全導体であるときには $\eta_2 = 0$ となるため $\varGamma = -1$ となる．これは，式(2.44)で $L = 0$ として求められる反射係数 (E_r/E_0) と一致する．

（2）斜入射

次に図2.9のような $x = 0$ での yz 面に，誘電率，透磁率の異なる二つの媒質の境界面があるとき，媒質1から境界面の法線とのなす角 θ_i で平面波 (E_i, H_i) が入射する場合を考える．このときの θ_i を入射角とし，反射波 (E_r, H_r) および透過波 (E_t, H_t) とする．また，入射方向と法線とのつくる面（zx 面）を入射面とし，入射面内に電界成分があるときを平行偏波，入射面と垂直方向

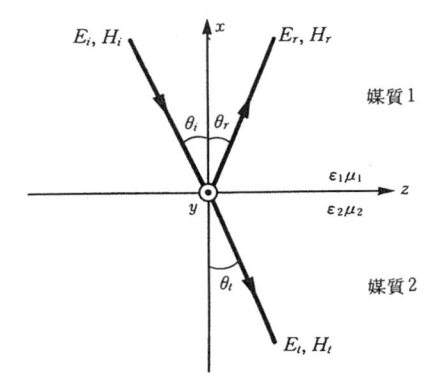

図2.9 境界面への斜め入射

に電界成分があるときを直交偏波と定義する．各偏波の反射波，透過波を求めるために座標系の関係を調べる．

（a）平行偏波

入射波の電界成分が入射面内に存在し，座標系を図2.10のようにとった場合，電界はz_i座標方向にあり，$-x_i$方向に進むものとする．これは，x, zの座標軸をy軸を中心として角度$-\theta_i$だけ回転したものであるから次のように表され

$$x_i = x\cos\theta_i - z\sin\theta_i \tag{2.52}$$

$$z_i = x\sin\theta_i + z\cos\theta_i \tag{2.53}$$

x_i, z_i方向の単位ベクトル$\boldsymbol{x}_i, \boldsymbol{z}_i$も同様にして次のように表される．

$$\boldsymbol{x}_i = \boldsymbol{x}\cos\theta_i - \boldsymbol{z}\sin\theta_i \tag{2.54}$$

$$\boldsymbol{z}_i = \boldsymbol{x}\sin\theta_i + \boldsymbol{z}\cos\theta_i \tag{2.55}$$

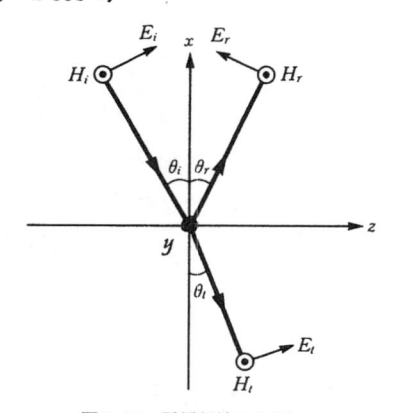

図2.10 平行偏波の入射

反射波の座標系を$x_r, -z_r$とするとy軸を中心に，θ_r回転すればよいので，単位ベクトル$\boldsymbol{x}_r, \boldsymbol{z}_r$

$$x_r = +x\cos\theta_r + z\sin\theta_r \tag{2.56}$$

$$z_r = -x\sin\theta_r + z\cos\theta_r \tag{2.57}$$

$$\boldsymbol{x}_r = +\boldsymbol{x}\cos\theta_r + \boldsymbol{z}\sin\theta_r \tag{2.58}$$

$$\boldsymbol{z}_r = -\boldsymbol{x}\sin\theta_r + \boldsymbol{z}\cos\theta_r \tag{2.59}$$

2.5 平面波の反射

透過波の座標系 $-x_t, z_t$ は θ_t の回転を考えればよく，単位ベクトルを x_t, z_t として入射波の添字を $i \rightarrow t$ と変更し，式 (2.53) では $-\sin\theta_t$ とする．

これらの座標系を用いて，入射，反射，および透過波は以下のように表される．

$$\boldsymbol{E}_i = \boldsymbol{z}_i E_i e^{+jk_1 x_i} \tag{2.60}$$

$$\boldsymbol{H}_i = \boldsymbol{y} H_i e^{+jk_1 x_i} \tag{2.61}$$

$$\boldsymbol{E}_r = \boldsymbol{z}_r E_r e^{-jk_1 x_r} \tag{2.62}$$

$$\boldsymbol{H}_r = -\boldsymbol{y} H_r e^{-jk_1 x_r} \tag{2.63}$$

$$\boldsymbol{E}_t = \boldsymbol{z}_t E_t e^{+jk_2 x_t} \tag{2.64}$$

$$\boldsymbol{H}_t = \boldsymbol{y} H_t e^{+jk_2 x_t} \tag{2.65}$$

境界面 $x=0$ で，電界および磁界の接線成分が連続であるという境界条件を適用すると次の関係式が得られる．

$$E_i \cos\theta_i e^{-jk_1 z \sin\theta_i} - E_r \cos\theta_r e^{-jk_1 z \sin\theta_r} = E_t \cos\theta_t e^{-jk_2 z \sin\theta_t} \tag{2.66}$$

$$H_i e^{-jk_1 z \sin\theta_i} + H_r e^{-jk_1 z \sin\theta_r} = H_t e^{-jk_2 z \sin\theta_t} \tag{2.67}$$

これらの関係式が境界面 z のいたるところで成り立つためには，各成分の位相と振幅がそれぞれ等しくなければならない．

位相に対しては，

$$\sin\theta_i = \sin\theta_r \tag{2.68}$$

$$k_1 \sin\theta_i = k_2 \sin\theta_t \tag{2.69}$$

また，振幅に対しては次式が得られる．

$$E_i \cos\theta_i - E_r \cos\theta_r = E_t \cos\theta_t \tag{2.70}$$

$$H_i + H_r = H_t \tag{2.71}$$

式 (2.68) は入射角と反射角が等しいことを表し，式 (2.69) はスネルの法則といわれ光学の分野でよく知られているものである．

位相および振幅条件から反射係数 R と透過係数 T を求めると次式が得られる．

$$R = \frac{E_r}{E_i} = \frac{\mu_1 n^2 \cos\theta_i - \mu_2\sqrt{n^2 - \sin^2\theta_i}}{\mu_1 n^2 \cos\theta_i + \mu_2\sqrt{n^2 - \sin^2\theta_i}} \tag{2.72}$$

$$T = \frac{E_t}{E_i} = \frac{2\mu_2 n \cos\theta_i}{\mu_1 n^2 \cos\theta_i + \mu_2\sqrt{n^2 - \sin^2\theta_i}} \tag{2.73}$$

$$n = \frac{k_2}{k_1} = \sqrt{\frac{\varepsilon_2 \mu_2}{\varepsilon_1 \mu_1}} \tag{2.74}$$

(b) 直交偏波

電界成分が入射面に対して垂直な直交偏波に対しては，図 2.11 を参照して各電磁界成分は次のように表せる．

$$\boldsymbol{E}_i = \boldsymbol{y}\, E_i\, e^{+jk_1 x_i} \tag{2.75}$$

$$\boldsymbol{H}_i = -\boldsymbol{z}_i\, H_i\, e^{+jk_1 x_i} \tag{2.76}$$

$$\boldsymbol{E}_r = \boldsymbol{y}\, E_r\, e^{-jk_1 x_r} \tag{2.77}$$

$$\boldsymbol{H}_r = \boldsymbol{z}_r\, H_r\, e^{-jk_1 x_r} \tag{2.78}$$

$$\boldsymbol{E}_t = \boldsymbol{y}\, E_t\, e^{+jk_2 x_t} \tag{2.79}$$

$$\boldsymbol{H}_t = -\boldsymbol{z}_t\, H_t\, e^{+jk_2 x_t} \tag{2.80}$$

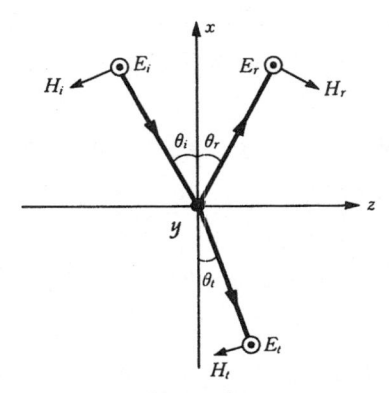

図 2.11 直交偏波の入射

平行偏波と同様にして $x = 0$ での境界条件から，反射係数，および透過係数が求められる．

$$R = \frac{E_r}{E_i} = \frac{\mu_2 \cos\theta_i - \mu_1\sqrt{n^2 - \sin^2\theta_i}}{\mu_2 \cos\theta_i + \mu_1\sqrt{n^2 - \sin^2\theta_i}} \tag{2.81}$$

$$T = \frac{E_t}{E_i} = \frac{2\mu_2 \cos\theta_i}{\mu_2 \cos\theta_i + \mu_1\sqrt{n^2 - \sin^2\theta_i}} \tag{2.82}$$

媒質1と2の誘電率が等しいとき，反射係数が0となるブリュスター角と呼ばれる入射角は，式（2.81）で$R=0$とすることにより求められる．

$$\cos\theta = \frac{1}{\sqrt{n^2+1}} \tag{2.83}$$

式（2.82）より入射角が90度に近くなると分子の$\cos\theta_i$が0に近づき，透過波がなくなり境界面への入射波がすべて反射され，反射係数の値は-1となる．

このような入射角に対する反射波の依存性を利用してTV電波のゴースト現象の原因となるビルからの反射波を，ビルの表面に取り付けた電波吸収体によって抑制することが可能となる．

2.6　ポインティングベクトル

平面波が異なる媒質中を伝搬するときの条件についていくつかの具体的な例を示してきたが，平面波が伝搬するということは空間中をエネルギーが伝搬していることであり，ここでは伝搬している電力について考える．図2.12のように電界がx成分を持ち，磁界がy成分を持つ平面波を考えるとき，電界と磁界のベクトル積$\boldsymbol{E}\times\boldsymbol{H}$は$z$方向成分を持つ．複素表示の交流の電力が電圧，電流の実効値をV, IとしてVI^*の実部として与えられることから，電界が電圧に，磁界が電流に対応することを考慮して次式のベクトル量を定義する．

$$p = \frac{1}{2} Re(\boldsymbol{E}\times\boldsymbol{H}^*) \quad [\text{W/m}^2] \tag{2.84}$$

係数として$1/2$を乗じているのは電界，磁界の振幅が波高値として与えられるからである．上式で定義される物理量はポインティング（Poynting）ベク

トルと呼ばれ,電磁波が空間中を伝搬するときの伝搬方向と電力密度を表すものである.

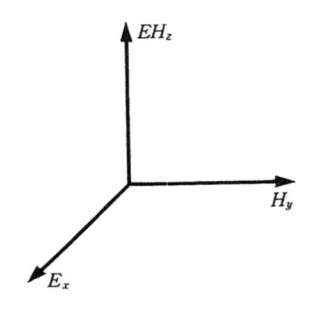

図2.12 電界,磁界と伝搬電力

この定義式は平面波のみならず一般的に成り立ち,媒質中を伝搬する電磁波の方向が電界と磁界のベクトル積のベクトル成分から,また,その実部の実効値から伝搬している電磁波の電力密度が求められる.平面波のように磁界 H が波動インピーダンス η により $H = \frac{1}{\eta} z \times E$ の関係があるときには,式(2.84)は次のようになる.

$$p = \frac{1}{2} \frac{|E|^2}{\eta} \quad [\text{W/m}^2] \tag{2.85}$$

空間中を伝搬していく電力密度が上式で与えられることは,平面波が異なる媒質に入射するとき,異なる媒質を負荷として考えると,内部抵抗 η の電源を負荷に対して接続していることになり,負荷インピーダンス,すなわち波動インピーダンスが η と等しくなるとき最大電力が負荷に対して供給され反射係数が最小となることが理解できる.

2.7 偏　　　波

これまで扱ってきた平面波の電界成分,すなわち偏波は時間によらず一つの座標系に固定されているものであった.ここではより一般的な例として偏波が時間的に変動する場合について考える.図2.13のように電界がある時間に x

2.7 偏波

y 面に x 軸からの角度 φ で存在し，y 成分は x 成分に対して位相が δ だけ進んでいるものを考える．この電磁波が z 軸方向に伝搬定数 k で進んでいるときに電界は次のように表される．

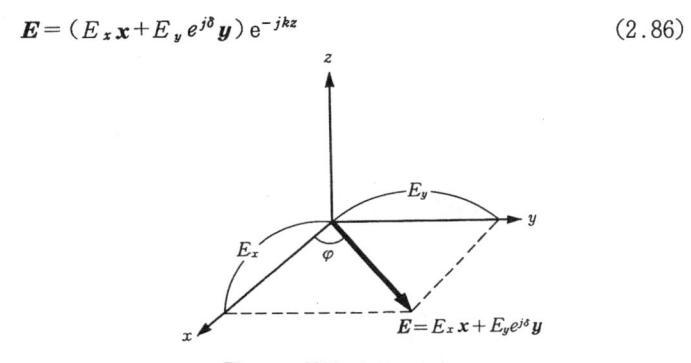

$$\boldsymbol{E}=(E_x\boldsymbol{x}+E_y e^{j\delta}\boldsymbol{y})\mathrm{e}^{-jkz} \tag{2.86}$$

図2.13 電界の偏波と座標系

時間因子 $e^{j\omega t}$ を上式に乗じて，xy 面内（$z=0$）での電界の各成分の実部を x, y とすると

$$x = E_x \cos \omega t \tag{2.87}$$
$$y = E_y \cos(\omega t + \delta) \tag{2.88}$$

ここで，ωt を消去すると電界の包絡線の軌跡は xy 面内で次式で示される楕円上を移動することになる．

$$\frac{x^2}{E_x^2} + \frac{y^2}{E_y^2} - \frac{2xy}{E_x E_y}\cos\delta = \sin^2\delta \tag{2.89}$$

具体的な例として，まず $\delta=0$，電界の x, y 成分の位相が同相であるときを考え，電界の包絡線の軌跡を求めると

$$\left(\frac{x}{E_x} - \frac{y}{E_y}\right)^2 = 0$$

$$y = \frac{E_y}{E_x} x \tag{2.90}$$

これは電界が式（2.90）を満足する直線上で振動することを示しており，$\delta=0$ では直線偏波となる．

次に $\delta = \pm \pi/2$ では包絡線の軌跡は次式となり，偏波面は長軸 E_x，短軸 E_y の楕円上を移動していることを示している．

$$\frac{x^2}{E_x^2} + \frac{y^2}{E_y^2} = 1 \tag{2.91}$$

これは楕円偏波と呼ばれ，E_x と E_y の振幅が等しいときには円偏波となる．楕円偏波の回転方向であるが，$\delta = \pi/2$ のときは z 軸方向，すなわち進行方向を基準として左旋偏波，$\delta = -\pi/2$ では右旋偏波と定義される．円偏波で到来した電磁波を受信するときには同じ方向に偏波面が回転する（同旋）アンテナが必要であり，逆回転の偏波面（逆旋）では受信することができない．放送衛星には円偏波が用いられているが，このような特性を利用して日本国内の衛星放送は右旋偏波，隣国である韓国の衛星放送用には左旋偏波が割り当てられており，偏波面の回転方向の違いにより混信を防ぐようにしている．

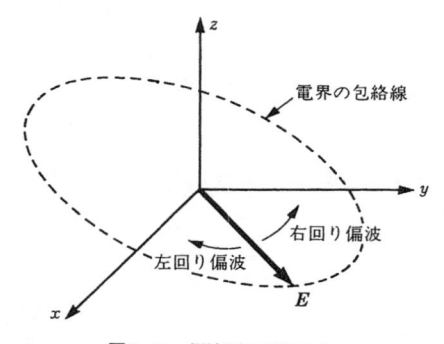

図 2.14　偏波面の回転方向

2.8　磁　　　流

電流が電磁波の基本的な波源であるが，スロットアンテナ（slot antenna）からの放射を考えるようなときには磁流という概念を用いた方が簡単に扱えることが多い．具体的な問題については次章で扱うこととし，ここでは磁流についての基本的な考え方を理解する．

2.8 磁流

図2.15に示すように電流Jが流れている周囲には，アンペールの法則に従って磁界が発生する．このとき，電流Jの方向，すなわち電荷を移動させる方向が電界の方向である．これに対して電界と磁界の入れ替わった場合を考える．ある波源があってその周囲にアンペールの法則と同じように電界を生じ，波源の方向に沿って磁界が存在するとき，このような波源を図2.16に示す磁流Mと定義する．

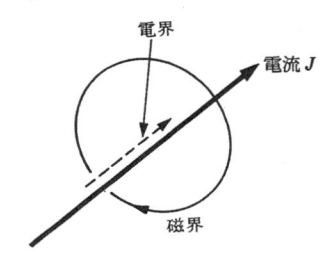

図2.15 電流と電界，磁界の関係

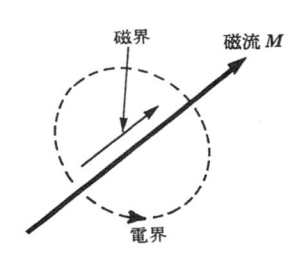

図2.16 磁流と電界，磁界の関係

磁流Mを導入したマックスウェルの方程式は，その対称性を考慮して式(2.5)の右辺に$-M$を加えたものとなり次のようになる．

$$\nabla \times H = j\omega\varepsilon E + J \tag{2.92}$$

$$\nabla \times E = -j\omega\mu H - M \tag{2.93}$$

この関係式より明らかなように，マックスウェルの方程式の解を電流Jによるものと磁流Mによるものの二つに分けて考え，それぞれの波源による電磁界をE_j, H_j, およびE_m, H_mとする．このときある問題に対して電流，または磁流のどちらか一方の解がわかっていれば次のような置き換えによって，もう一方の解を求めることができる．

$$\varepsilon \longleftrightarrow \mu$$
$$J \longleftrightarrow M$$
$$E_j \longleftrightarrow H_m$$
$$H_j \longleftrightarrow -E_m$$

このような関係をバビネ（Babinet）の原理（相対定理）と呼び，電磁界の相対性を示したものである．

2.9 伝送路内の電磁波の伝搬

空間中を伝搬する電磁波として平面波を取り上げその性質について調べてきた．電磁波は空間中を伝搬するのと同様に，ある限られた領域内を伝搬し，そのような領域をつくるものを伝送路という．広義の解釈をとれば，空間中も伝送路の一種であるが，一般的に伝送路といわれるのは，その断面の最大寸法が使用波長以下となるような小さな領域に電磁波を集中して伝送するものである．ここでは伝送路の例として同軸線路と導波管についてその特性について考える．

2.9.1 同軸線路

同軸線路はアンテナからテレビまでの接続線としてよくみられるもので，図2.17に示すような内径 a，外径 b の二つの円筒導体からなる．このような2重円筒内の電磁界は，電磁気学で学んだ無限円筒内の静電電磁界で求められる．z 軸方向に同軸線路が無限にあるものとして，同軸線路の単位長さ当たりのインダクタンスと容量は次式で与えられる．

$$L = \frac{\mu}{2\pi} \ln \frac{b}{a} \quad \text{[H/m]} \tag{2.94}$$

$$C = \frac{2\pi\varepsilon}{\ln \frac{b}{a}} \quad \text{[F/m]} \tag{2.95}$$

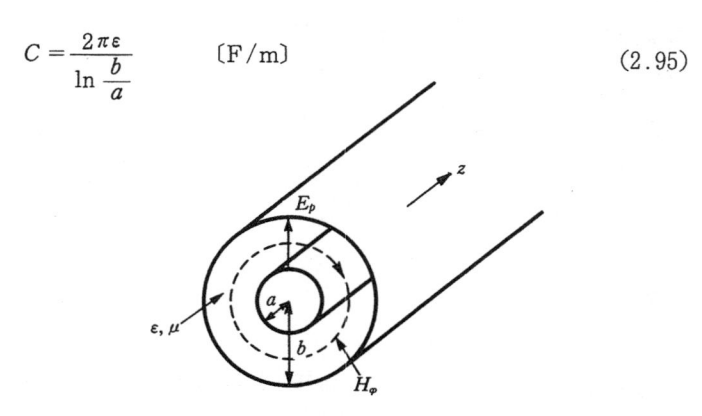

図 2.17 同軸線路と座標系

同軸線路の z 軸方向の微小区間 dz の等価回路は上式の L と C により，入力側での電圧と電流を V, I, 出力側を V', I' とすれば図 2.18 のように表すことができる．等価回路のインダクタンス Ldz による電圧降下 $dV = V' - V$ は $-j\omega LdzI$ で与えられることから

$$\frac{dV}{dz} = -j\omega L I \tag{2.96}$$

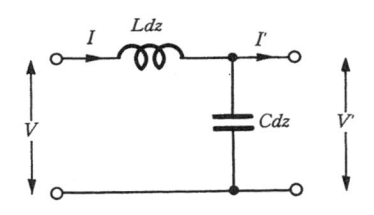

図 2.18 同軸線路の等価回路

また，容量 Cdz による等価回路の漏洩電流 $dI = I' - I$ は $-j\omega Cdz V'$ で求められ，等価回路を考える区間 dz が微小であるため $V \fallingdotseq V'$ とみなせるので次式が得られる．

$$\frac{dI}{dz} = -j\omega C V \tag{2.97}$$

式 (2.96) と式 (2.97) から I を消去し，電圧 V に関する微分方程式を求めると

$$\frac{d^2 V}{dz^2} + k^2 V = 0 \tag{2.98}$$

$$k^2 = \omega^2 LC = \omega^2 \varepsilon \mu \tag{2.99}$$

上式は平面波の伝搬で求めた波動方程式 (2.19) と同じであり，その解は振幅を V_1, V_2 として

$$V = V_1 e^{-jkz} + V_2 e^{jkz} \tag{2.100}$$

電流は式 (2.96) に上式を代入して求められる．

$$I = \sqrt{\frac{C}{L}}(V_1 e^{-jkz} - V_2 e^{jkz}) = \frac{1}{\eta_c}(V_1 e^{-jkz} - V_2 e^{jkz}) \tag{2.101}$$

$\sqrt{L/C}=\eta_c$ の関係式が成り立つため,同軸線路内の電圧と電流は平面波の電界と磁界と全く同じように表せることがわかる.ここで,η_c は同軸線路の特性インピーダンスと呼ばれ,次式で定義される.

$$\eta_c = \frac{1}{2\pi}\sqrt{\frac{\mu}{\varepsilon}}\ln\frac{b}{a} \tag{2.102}$$

同軸線路内の電圧,電流と平面波の電磁界が同様な表現式で表されることを利用して,図2.19に示すような長さ L,特性インピーダンス η_c の同軸線路の先端 2-2′ 側にインピーダンスが η_l である負荷を接続する.このとき,2-2′ 端子での反射係数 $\varGamma$ は,波動インピーダンスの異なる境界に入射した平面波の反射係数式 (2.51) として与えられるため,

$$\varGamma = \frac{\eta_l - \eta_c}{\eta_l + \eta_c} \tag{2.103}$$

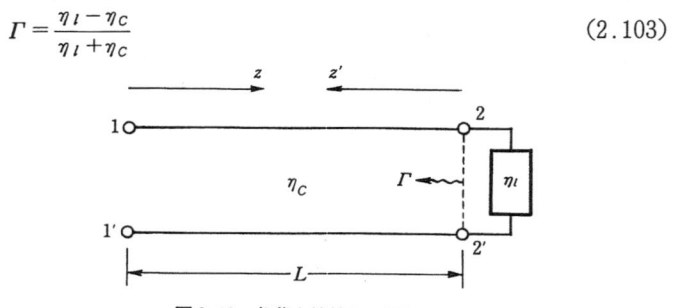

図2.19 負荷を接続した同軸線路

1-1′ 端子での入射電圧の振幅を V_0 とすれば,2-2′ 端子での電圧の反射係数は $\varGamma \cdot V_0 e^{-jkL}$ として表せるため,1-1′ 端子を z 軸の原点としたときの同軸線路上での電圧 $V(z)$,電流 $I(z)$ は式 (2.45) を参考にして次のように表せる.

$$V(z) = V_0 e^{-jkL}\{e^{-jk(z-L)} + \varGamma e^{jk(z-L)}\} \tag{2.104}$$

$$I(z) = \frac{V_0}{\eta_c} e^{-jkL}\{e^{-jk(z-L)} - \varGamma e^{jk(z-L)}\} \tag{2.105}$$

ここで線路内の電圧の最大値と最小値は $V_0(1 \pm |\varGamma|)$ となり,その比を定在波比 ρ と定義する.

$$\rho = \frac{1+|\varGamma|}{1-|\varGamma|} \qquad (2.106)$$

以上で同軸線路上の任意の位置での電圧と電流が与えられたため，線路上でのインピーダンス $Z(z)$ は

$$Z(z) = \frac{V(z)}{I(z)}$$

$$= \eta_C \frac{\eta_l \cos k(z-L) - j\eta_C \sin k(z-L)}{\eta_C \cos k(z-L) - j\eta_l \sin k(z-L)} \qquad (2.107)$$

ここで，線路上での座標系を 2-2′ 端子を原点とした $z' = L - z$ として書き換えると，インピーダンス η_l の負荷を接続したとき長さ z' の同軸線路のインピーダンスは次式で表される．

$$Z(z') = \eta_C \frac{\eta_l + j\eta_C \tan kz'}{\eta_C + j\eta_l \tan kz'} \qquad (2.108)$$

伝搬定数は $k = 2\pi/\lambda$ で表されるため同軸線路の長さが波長に比べて十分短いときには $\tan kz' \fallingdotseq 0$ とみなすことができ $Z(z') = \eta_l$ で同軸線路を負荷に接続したときの影響はほとんど生じない．また，$\eta_C = \eta_l$ の条件では同軸線路と負荷の接続部での反射が生じないため，同軸線路の長さに無関係に $Z(z')$ は一定となる．しかし，線路長が波長に比べて無視できない長さを持つときには同軸線路から負荷側を見たインピーダンスは式（2.108）に従って変化する．したがって，負荷として同軸線路の先端にアンテナを取り付け無線機器に接続するときには，機器の出力インピーダンスと同軸線路のインピーダンスの整合が取れるよう注意する必要がある．

 線路の長さによりインピーダンスがどのように変化するかを負荷として $\eta_l = 0$，すなわち線路の先端を短絡したときのインピーダンスの変化を図 2.20 に示す．インピーダンスは純虚数となり周期 π で $-\infty \sim +\infty$ の範囲を変化する．すなわち，先端を短絡した同軸線路のインピーダンスは，その長さによって容量性から誘導性の任意の値を取ることが可能となる．

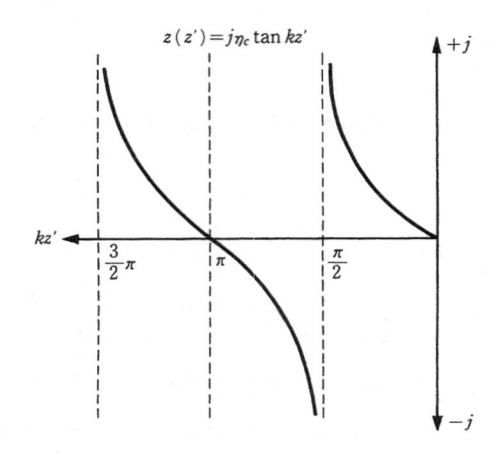

図2.20 η_l としたときの線路上でのインピーダンス

2.9.2 導波管

同軸線路は低周波からマイクロ波帯までの広い周波数帯域で使用できるが,周波数がミリ波帯以上や,マイクロ波帯でも大電力の伝送を行うためには,中空の導体内に電磁波を閉じこめて伝送させる導波管が用いられる.導波管の断面は方形,円形,楕円形など用途に応じたものが用いられるが,ここでは図2.21に示す,最も基本的な導波管である方形導波管内を伝送する電磁波について調べる.

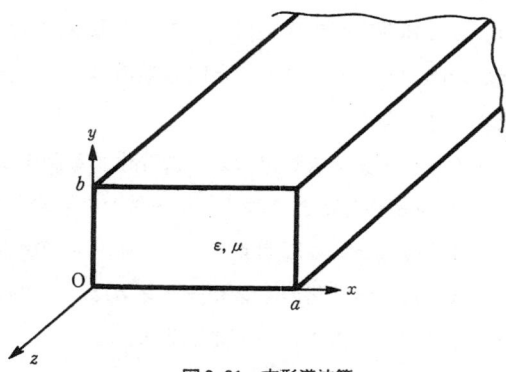

図2.21 方形導波管

2.9 伝送路内の電磁波の伝搬

　方形導波管の断面は長辺が a, 短辺が b で z 軸方向に無限に長いものとする. このとき z 軸方向に電磁波が伝搬するため, その伝搬定数を γ とすれば, 電磁界の z 方向と断面成分（xy 成分）の関数を変数分離して表現することが可能となる.

$$\boldsymbol{E} = \boldsymbol{E}(x, y) e^{-\gamma z} \tag{2.109}$$

$$\boldsymbol{H} = \boldsymbol{H}(x, y) e^{-\gamma z} \tag{2.110}$$

ここで波源のないマックスウェルの方程式は次式で与えられるため

$$\nabla \times \boldsymbol{H} = j\omega\varepsilon\boldsymbol{E}, \quad \nabla \times \boldsymbol{E} = -j\omega\mu\boldsymbol{H} \tag{2.111}$$

z 成分に関する偏微分が $\partial/\partial z = -\gamma$ と置き換えられるので, 上式のマックスウェルの方程式を直交座標系の各成分ごとに書き表すと

$$\frac{\partial H_z}{\partial y} + \gamma H_y = j\omega\varepsilon E_x \tag{2.112}$$

$$-\gamma H_x - \frac{\partial H_z}{\partial x} = j\omega\varepsilon E_y \tag{2.113}$$

$$\frac{\partial H_y}{\partial x} - \frac{\partial H_x}{\partial y} = j\omega\varepsilon E_z \tag{2.114}$$

$$\frac{\partial E_z}{\partial y} + \gamma E_y = -j\omega\mu H_x \tag{2.115}$$

$$-\gamma E_x - \frac{\partial E_z}{\partial x} = -j\omega\mu H_y \tag{2.116}$$

$$\frac{\partial E_y}{\partial x} - \frac{\partial E_x}{\partial y} = -j\omega\mu H_z \tag{2.117}$$

導波管の断面成分の電磁界を z 軸（管軸）方向の電磁界成分, E_z と H_z で表すために, 式 (2.112) の H_y に式 (2.116) を代入して整理すると E_x 成分は式 (2.118) のように, E_z と H_z 成分で表すことができ, 他の成分も同様にして以下のようになる.

$$E_x = \frac{1}{\gamma^2 + k^2}\left(-\gamma\frac{\partial E_z}{\partial x} - j\omega\mu\frac{\partial H_z}{\partial y}\right) \tag{2.118}$$

$$E_y = \frac{1}{\gamma^2+k^2}\left(-\gamma\frac{\partial E_z}{\partial y}+j\omega\mu\frac{\partial H_z}{\partial x}\right) \qquad (2.119)$$

$$H_x = \frac{1}{\gamma^2+k^2}\left(j\omega\varepsilon\frac{\partial E_z}{\partial y}-\gamma\frac{\partial H_z}{\partial x}\right) \qquad (2.120)$$

$$H_y = \frac{1}{\gamma^2+k^2}\left(-j\omega\varepsilon\frac{\partial E_z}{\partial x}-\gamma\frac{\partial H_z}{\partial y}\right) \qquad (2.121)$$

ここで，式 (2.120), (2.121) を式 (2.114) に代入して整理するとH_zの項が消去されて，E_zのみの方程式が得られる．また，式 (2.118), (2.119) を式 (2.117) に代入してH_zのみの方程式が以下のように表される．

$$\frac{\partial^2 E_z}{\partial x^2}+\frac{\partial^2 E_z}{\partial y^2}+(\gamma^2+k^2)E_z=0 \qquad (2.122)$$

$$\frac{\partial^2 H_z}{\partial x^2}+\frac{\partial^2 H_z}{\partial y^2}+(\gamma^2+k^2)H_z=0 \qquad (2.123)$$

上式はE_z成分とH_z成分は互いに独立な波動方程式を満足することを示しており，導波管内の電磁界はE_z成分によって表されるものと，H_z成分によって表されるものの2種類が存在する．ここで，E_z成分で表され，$H_z=0$である電磁界を管軸方向には電界のみが存在するためEモード，またH_z成分で表され，$E_z=0$となる電磁界をHモードとよぶ．Eモードは断面成分に着目すると磁界は断面成分のみしか持たないため，磁気的横波(transverse magnetic mode：TMモード)，また，Hモードは電気的横波 (transverse electric mode：TEモード)ともいわれる．E, Hモードでは電界，または磁界のどちらかの管軸方向成分が零となるが，式 (2.118) 〜 (2.121) からもわかるように，導波管内にはE_z, H_z成分がともに存在することもできる．このような電磁界はハイブリッド (hybrid) モードと呼ばれ，EモードとHモードの線形和で表されるが，ハイブリッドモードは導波管が誘電体で構成されているときや，断面形状の異なる導波管を接続したときに現れる．

(1) Eモードの電磁界

導波管内のEモードの電磁界を調べるため，まず，E_z成分を導波管の境界

条件より求める．E_z成分は導波管の管軸方向と平行となり導波管を構成する金属はミリ波帯以下の周波数では完全導体とみなせるため，$x=0$, a, および $y=0$, b で境界条件から零となる必要がある．このような条件を満たす関数は三角関数で表せるため，x および y 方向の変数分離解として $\sin px$, $\sin qy$ が求められる．この関数は $x=0$, $y=0$ では常に零となるので $x=a$, $y=b$ で零となるように p, q を決定すればよく，m, n を正の整数として $p=m\pi/a$, $q=n\pi/b$ と表せる．E_z の振幅を E_{mn} として，このときの伝搬定数を γ_{mn} とすれば，E_z は次のような関数で与えられる．

$$E_z = E_{mn} \sin\left(\frac{m\pi}{a}x\right) \sin\left(\frac{n\pi}{b}y\right) e^{-\gamma_{mn}z} \quad (2.124)$$

$$m=1, 2, 3, \cdots\cdots \quad n=1, 2, 3, \cdots\cdots$$

上式は m, n の組合せによって無数の解が得られるが，それぞれの組合せを mn モードと呼び，それぞれのモードに対して E_z 成分は導波管の断面内で異なった分布を持つ．m, n の組合せと伝搬定数 γ_{mn} の関係を明らかにするため，上式を波動方程式（2.122）に代入すると，

$$\left\{-\left(\frac{m\pi}{a}\right)^2 - \left(\frac{n\pi}{b}\right)^2 + \gamma_{mn}^2 + k^2\right\} E_{mn} \sin\left(\frac{m\pi}{a}x\right) \sin\left(\frac{n\pi}{b}y\right) e^{-\gamma_{mn}z} = 0 \quad (2.125)$$

この波動方程式が m, n の任意の組合せに対して常に成り立つためには，{ } 内が零となる必要があるので，伝搬定数 γ_{mn} は次のように与えられる．

$$\gamma_{mn}^2 = \left(\frac{m\pi}{a}\right)^2 + \left(\frac{n\pi}{b}\right)^2 - k^2 \quad (2.126)$$

導波管内を電磁波が伝送するためには，伝搬定数は純虚数となり波数 k は次の関係式を満足する必要がある．

$$k^2 > \left(\frac{m\pi}{a}\right)^2 + \left(\frac{n\pi}{b}\right)^2 \triangleq k_c^2 \quad (2.127)$$

上式の右辺は m, n の組合せによって決まり，mn モードに対するカットオフ (cutoff) 波数 $k_c = 2\pi/\lambda_c$ と定義する．波数は $k=2\pi/\lambda$ で表されるため，

導波管内を伝搬する電磁波の波長は，カットオフ波長 λ_c よりも小さくなる必要がある．

$$\lambda < \frac{2}{\sqrt{\left(\frac{m}{a}\right)^2 + \left(\frac{n}{b}\right)^2}} \triangleq \lambda_c \tag{2.128}$$

導波管内の mn モードは，カットオフ波長 λ_c よりも波長が短い電磁波なら伝搬することができるため，導波管は一種のハイパスフィルターとなる．導波管内の電磁波が式 (2.128) を満足するとき伝搬定数 γ_{mn} は純虚数となるため，これを $j\beta_{mn}$ とすれば，伝搬している電磁波の導波管内の波長，すなわち，管内波長を λ_g として

$$\beta_{mn} = \frac{2\pi}{\lambda_g} \tag{2.129}$$

$$\lambda_g = \frac{\lambda}{\sqrt{1 - \left(\frac{m\lambda}{2a}\right)^2 - \left(\frac{n\lambda}{2b}\right)^2}} \tag{2.130}$$

導波管内を伝送している電磁波の波長は自由空間の波長 λ より長くなることが式 (2.130) より示される．比誘電率 ε_r の誘電体の電磁波の波長は $\lambda/\sqrt{\varepsilon_r}$ となるため，等価的に考えると，導波管内は比誘電率が 1 より小さな媒質とみなすことができる．

E_z 成分以外の電磁界成分は式 (2.124) を式 (2.118)～(2.121) に $H_z = 0$ として代入すれば求められ，

$$E_x = -\left(\frac{m\pi}{a}\right) \frac{\gamma_{mn}}{k_c^2} E_{mn} \cos\left(\frac{m\pi}{a}x\right) \sin\left(\frac{n\pi}{b}y\right) e^{-\gamma_{mn}z} \tag{2.131}$$

$$E_y = -\left(\frac{n\pi}{b}\right) \frac{\gamma_{mn}}{k_c^2} E_{mn} \sin\left(\frac{m\pi}{a}x\right) \cos\left(\frac{n\pi}{b}y\right) e^{-\gamma_{mn}z} \tag{2.132}$$

$$H_x = \frac{j}{\eta}\left(\frac{n\pi}{b}\right) \frac{k}{k_c^2} E_{mn} \sin\left(\frac{m\pi}{a}x\right) \cos\left(\frac{n\pi}{b}y\right) e^{-\gamma_{mn}z} \tag{2.133}$$

$$H_y = -\frac{j}{\eta}\left(\frac{m\pi}{a}\right)\frac{k}{k_c^2}E_{mn}\cos\left(\frac{m\pi}{a}x\right)\sin\left(\frac{n\pi}{b}y\right)e^{-\gamma_{mn}z} \quad (2.134)$$

ここで，m または n のいずれかを零とすると，電磁界のすべての成分が零となり導波管中には電磁波が存在しないことになる．したがって，導波管内のモードを決定する m, n は零の値は取れず正の整数しか許されない．これらの m, n の組み合わせの中で，カットオフ波数 k_c の最も小さくなるものを基本モードと呼び，E モードでは $n = m = 1$ である．図 2.22 に E_{11} モードの電磁界分布を示す．

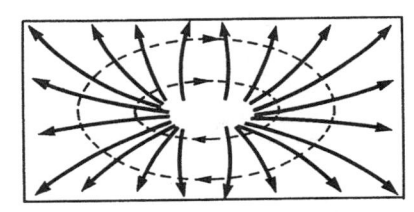

図 2.22 E_{11} モードの電磁界分布．実線は電界，破線は磁界

導波管内の電磁波の電力が z 軸方向に進むとき，ポインティングベクトルの定義から，電界の x 成分と磁界の y 成分が電力の伝送に寄与するものとして，式 (2.131), (2.133) から E_x/H_y の比を，導波管内電磁波の E モードの特性インピーダンス η_e と定義すると

$$\eta_e = \frac{\gamma_{mn}}{jk}\eta = \frac{\beta_{mn}}{k}\eta \quad (2.135)$$

$\beta_{mn}/k = \lambda/\lambda_g$ として表され，導波管内の管内波長 λ_g は式 (2.136) より自由空間波長 λ より長くなるため，特性インピーダンス η_e は自由空間の特性インピーダンス η の値より小さくなる．

(2) H モードの電磁界

次に H モードの電磁界を調べるため，まず境界条件より H_z 成分を求める．H モードでは E_z 成分が存在しないので，E_x 成分と E_y 成分の境界条件を考える．E_x 成分は x 軸に平行であるため，$y = 0$, b で E_x 成分は零となる．式 (2.118) 式より H_z 成分を y に関して偏微分したものが H モードの E_x 成分となるので

H_z 成分の y 方向の関数を $\cos qy$ とすれば, E_x 成分は $\sin qy$ に比例する項を持ち境界条件が満足される. ここで $q = n\pi/b$ であり, n は整数であるがその範囲については後で議論する. 同様にして E_y 成分は H_z 成分を x に関して偏微分して与えられ, $x = 0$, a での境界条件から, H_z 成分の x 方向関数は $\cos px$, $p = m\pi/a$ として与えられることがわかり, 以上より H モードの H_z 成分はその比例定数を H_{mn} として次のように表される.

$$H_z = H_{mn} \cos\left(\frac{m\pi}{a}x\right)\cos\left(\frac{n\pi}{b}y\right)e^{-\gamma_{mn}z} \quad (2.136)$$

$$m = 0, 1, 2, \cdots \quad n = 0, 1, 2, \cdots$$

この H_z 成分を用いて, E モードと同様に他の電磁界成分を求めると

$$E_x = j\eta\left(\frac{n\pi}{b}\right)\frac{k}{k_c^2}H_{mn}\cos\left(\frac{m\pi}{a}x\right)\sin\left(\frac{n\pi}{b}y\right)e^{-\gamma_{mn}z} \quad (2.137)$$

$$E_y = -j\eta\left(\frac{m\pi}{a}\right)\frac{k}{k_c^2}H_{mn}\sin\left(\frac{m\pi}{a}x\right)\cos\left(\frac{n\pi}{b}y\right)e^{-\gamma_{mn}z} \quad (2.138)$$

$$H_x = \left(\frac{m\pi}{a}\right)\frac{\gamma}{k_c^2}H_{mn}\sin\left(\frac{m\pi}{a}x\right)\cos\left(\frac{n\pi}{b}y\right)e^{-\gamma_{mn}z} \quad (2.139)$$

$$H_y = -\left(\frac{n\pi}{b}\right)\frac{\gamma}{k_c^2}H_{mn}\cos\left(\frac{m\pi}{a}x\right)\sin\left(\frac{n\pi}{b}y\right)e^{-\gamma_{mn}z} \quad (2.140)$$

H モードの電磁界の各成分をみると, $m = n = 0$ のときには H_z 成分以外は存在せず, 導波管断面の電磁界成分が存在しないため電力の伝送ができず, このモードは導波管内を伝搬できない. しかし, m と n のいずれかが零のときには (E_x, H_y), または (E_y, H_x) のいずれかの断面内電磁界が存在するため導波管内のモードとなりうる. したがって, H モードの条件としては $m = 0, 1, 2, \cdots$, $n = 0, 1, 2, \cdots$, ただし $m + n \neq 0$ となる.

E モードと同様に E_x 成分と H_y 成分の比から H モードの特性インピーダンス η_h を定義すると

$$\eta_h = \frac{jk}{\gamma_{mn}}\eta = \frac{k}{\beta_{mn}}\eta \quad (2.141)$$

$k/\beta_{mn} > 1$ であるため H モードの特性インピーダンスは自由空間の波動インピーダンスより大きくなる.

以上のようにして H モードの電磁界分布が明らかになった. 一般に導波管の断面は長方形のものが用いられ, $a > b$ とするとカットオフ波長 λ_c が最も大きくなる, すなわち導波管のカットオフ周波数が最も低くなるモードは式 (2.128) より, $m = 1$, $n = 0$ の組み合わせによる H_{10} モードである. E モードでは m, n は, 同時に零の値を取れないため, 導波管内を伝搬できる最も周波数の低いモードは H_{10} モードであり, これを基本モードと呼び, 導波管での電磁波の伝送に用いられる. これは, 導波管内を伝送する電磁波の周波数が決められたとき, 基本モードを伝送する導波管の大きさが他のモードを伝送する導波管の大きさに比べて小さくできるからである.

導波管の基本モードである H_{10} モードについて詳しく調べるため, 式 (2.136) ～ (2.140) に $m = 1$, $n = 0$ を代入して H_{10} モードの電磁界を求めると以下のようになる.

$$H_z = H_{10} \cos\left(\frac{\pi}{a} x\right) e^{-j\beta_{10} z} \tag{2.142}$$

$$E_x = H_y = 0 \tag{2.143}$$

$$E_y = -j\eta \frac{k}{(\pi/a)} H_{10} \sin\left(\frac{\pi}{a} x\right) e^{-j\beta_{10} z} \tag{2.144}$$

$$H_x = j \frac{\beta_{10}}{(\pi/a)} H_{10} \sin\left(\frac{\pi}{a} x\right) e^{-j\beta_{10} z} \tag{2.145}$$

H_{10} モードの電界は y 成分しか持たないため, 基本モードの導波管内での伝送を平面波の伝搬として考えてみる. 図 2.23 に示すように, E_y 成分は y 方向に一様な分布であるため導波管の xz 面での E_y の伝搬を考えると, E_y 成分は導波管の管壁で反射を繰り返しながら図 2.24 のように進んでいく. このときの E_y 成分の管壁での反射角を θ とすると, θ は電磁波が伝送するための条件から決定される. 点 P で反射された E_y 成分が, 点 Q, 点 S でさらに反射されると点 S での E_y 成分の進行方向は点 P のものと平行になる. E_y 成分は平面波で

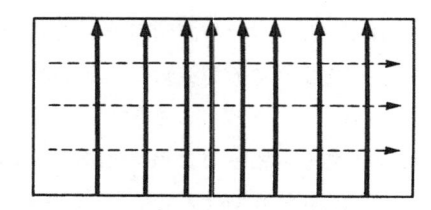

あるとすれば波面は進行方向に対して垂直となり，図中の点線で示したような波面を持って点Pから点Qに進んでいく．このとき点Tにおいて波面が点Sに一致するものとすると，点Tは点Sから線分$\overline{PQ}$への垂線の交点として与えられる．導体面状での電界の反射係数は-1で位相が180度変化するが，点Pから点Sまで2回反射しているため管壁での位相変化は考えなくてよい．したがって，導波管内でE_y成分が管壁を反射しながら伝搬するためには，P→Q→Sと反射してきた成分と点T-Sを結ぶ波面の位相が一致する必要がある．

図2.23　H_{10}モードの電磁界分布．実線は電界，破線は磁界

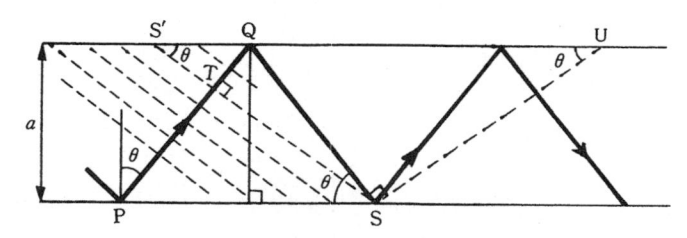

図2.24　H_{10}モードの波面と導波管内での反射

ここで，P→Q→Sの伝搬長はθとaにより次のように表せる．

$$\overline{PQ}+\overline{QS}=\frac{2a}{\cos\theta} \tag{2.146}$$

また，点Sに波面が到達するまでの伝搬長は$\overline{PT}=\overline{PS}\sin\theta$であるため，

$$\overline{PT}=\left(\frac{2a}{\cos\theta}\sin\theta\right)\sin\theta=\frac{2a\sin^2\theta}{\cos\theta} \tag{2.147}$$

二つの伝搬路の位相が点Sで一致するためには，伝搬路の差が自由空間での波長λとなれば位相差が2πで条件が満足される．

2.9 伝送路内の電磁波の伝搬

$$\overline{PQ} + \overline{QS} - \overline{PT} = \lambda \qquad (2.148)$$
$$2a\cos\theta = \lambda$$

式 (2.148) より $\overline{TQ}+\overline{QS}$ が自由空間での1波長となるとき，点Tでの波面が壁面と交わる点を S′，また点Sに達した波面が壁面と交わる位置をUとすれば，$\overline{S'Q}+\overline{QU}$ が導派管内の1波長，すなわち管内波長 λ_g となる．

$$\lambda_g = \overline{S'Q}+\overline{QU} = \frac{\overline{TQ}}{\sin\theta} + \frac{\overline{QS}}{\sin\theta} = \frac{\lambda}{\sin\theta} \qquad (2.149)$$

したがって，式 (2.148) より θ を消去して，λ_g は次のように表わせる．

$$\lambda_g = \frac{\lambda}{\sqrt{1-\left(\frac{\lambda}{2a}\right)^2}} \qquad (2.150)$$

ここで，H_{10} モードの反射角に対する振舞いを調べてみる．反射角が0に近づくと，E_y 成分は管壁間を x 方向に反射し続け z 方向に伝搬しなくなる．このとき式 (2.148) より $\lambda = 2a$ となるため，式 (2.150) に λ を代入すると管内波長 λ_g が無限大となり，伝搬定数は0となるので導波管内での H_{10} モードの伝搬はできなくなる．x 方向についてみれば，E_y 成分は $x = 0, a$ で零となる定在波として存在しているため，導波管の横幅 a は波長の2分の1となる．次に反射角が $\pi/2$ に近づくと $\lambda = 0$ となり，管内波長は $\lambda_g = \lambda$ となり，自由空間波長と一致する．このときの電磁波の周波数は無限大であるから，導波管の管壁は全く寄与しないことになり自由空間中を伝送する平面波と同じ電磁波となる．

演習問題

2.1 海水中に入射した平面波の振幅が $1/e$ に減衰する距離を，海水中の導電率 $\sigma = 5\,[\mathrm{s/m}]$ として求めよ．ただし，周波数は $100\,[\mathrm{MHz}]$，および $1\,[\mathrm{GHz}]$ とし，海水の比誘電率を 75，透磁率は自由空間と同じであるとする．

2.2 図 2.6 での完全導体が電界に対する反射係数 Γ をもつ物体に置き換えられたとき，電界の z 軸方向の定在波分布を求めよ．

2.3 直線偏波が右旋，および左旋偏波に分離して表せることを示せ．

2.4 同軸線路の外径と内系の比が 3.6 のとき特性インピーダンスを $75\,[\Omega]$，および $50\,[\Omega]$ とするために同軸内に充填する誘電体の誘電率はいくらにすればよいか．

2.5 特性インピーダンス Z_0 の同軸線路の負荷として純抵抗 r_1 と r_2 を接続したときの定在波比が同じであった．$r_1 \neq r_2$ であるとき $r_1 r_2 = Z_0^2$ であることを証明せよ．

2.6 導波管内の H_{10} モードのカットオフ波長が導波管の横幅を a としたとき $2a$ となることを説明せよ．

2.7 方形導波管の寸法が $58.1 \times 29.05\,[\mathrm{mm}]$ のとき，H_{10} モードのみが伝送する周波数の範囲を求めよ．

3

電磁波の放射

　第2章ではマックスウェルの方程式から出発して空間中を伝搬する電磁波の満たすべき方程式を導出し，最も基本的な平面波の解を求め，不連続媒質での反射，屈折などの条件を明らかにした．しかし，求めた解は無限の広がりを持つ一様な波源から十分離れた位置のもので，アンテナからの電磁波の放射を考えるには有効ではない．

　本章では，有限の大きさを持つ波源からの電磁波の放射特性を明らかにする．具体的には，波源を持つマックスウェルの方程式を導出し微小な大きさを持つ波源からの放射界を求める．この微小波源からの放射界を波源の分布に従って重みをかけて足し合わせる，すなわち積分することによって有限の大きさを持つ波源からの放射界を求める．また，いくつかの具体的なアンテナの特性についても議論する．

3.1 波源を持つマックスウェル方程式の解

　無損失の空間中に波源として電流源 J のみが存在するとき，空間中の電磁界を J のみの関数として表すため，第2章で導いた微分形のマックスウェルの方程式を時間因子を $e^{j\omega t}$，空間中の透磁率，誘電率を μ，ε として再び示す．

$$\nabla \times \boldsymbol{H} = j\omega\varepsilon \boldsymbol{E} + \boldsymbol{J} \tag{3.1}$$

$$\nabla \times \boldsymbol{E} = -j\omega\mu \boldsymbol{H} \tag{3.2}$$

$$\nabla \cdot \boldsymbol{H} = 0 \tag{3.3}$$

$$\nabla \cdot \boldsymbol{E} = 0 \tag{3.4}$$

式 (3.3) において磁界の発散が零であることに着目すると，任意のベクトル $\boldsymbol{A}$ に対してベクトル公式 $\nabla \cdot \nabla \times \boldsymbol{A} = 0$ が成り立つことから，磁界 $\boldsymbol{H}$ を補助ベクトル $\boldsymbol{A}$ の回転として表せば恒等的に式 (3.3) が成り立つ.

$$\boldsymbol{H} = \nabla \times \boldsymbol{A} \tag{3.5}$$

補助ベクトル $\boldsymbol{A}$ の回転で表された磁界 $\boldsymbol{H}$ を式 (3.2) に代入することによって次式が得られる.

$$\nabla \times (\boldsymbol{E} + j\omega\mu\boldsymbol{A}) = 0 \tag{3.6}$$

ここで，任意の補助スカラーポテンシャル (scalar potential) ϕ の勾配 $\nabla\phi$ の回転は，常に零となるベクトル公式 $\nabla \times \nabla\phi = 0$ を考慮すると式 (3.6) の括弧内は $\nabla\phi$ とおくことができる．これより電界 $\boldsymbol{E}$ を ϕ と $\boldsymbol{A}$ で表すと次のようになる.

$$\boldsymbol{E} = \nabla\phi - j\omega\mu\boldsymbol{A} \tag{3.7}$$

式 (3.5) および式 (3.7) から，補助ベクトル $\boldsymbol{A}$ と補助スカラーポテンシャル ϕ で表された電磁界を式 (3.1) に代入すると $\boldsymbol{A}$ と ϕ による方程式が得られる.

$$\nabla \times \nabla \times \boldsymbol{A} - k^2 \boldsymbol{A} - j\omega\varepsilon\nabla\phi = \boldsymbol{J} \tag{3.8}$$

ベクトル公式 (2.10) を上式の第1項に適用すると次式が得られる.

$$\nabla(\nabla \cdot \boldsymbol{A} - j\omega\varepsilon\phi) - \nabla^2 \boldsymbol{A} - k^2 \boldsymbol{A} = \boldsymbol{J} \tag{3.9}$$

ここで補助スカラーポテンシャル ϕ は任意のものを取れるため，左辺第1項が零になるような ϕ を選ぶと，上式から ϕ を消去でき補助ベクトル $\boldsymbol{A}$ のみで表される方程式が得られる.

$$\nabla^2 \boldsymbol{A} + k^2 \boldsymbol{A} = -\boldsymbol{J} \tag{3.10}$$

$$\nabla \cdot \boldsymbol{A} - j\omega\varepsilon\phi = 0 \tag{3.11}$$

このように補助ベクトル $\boldsymbol{A}$ のみの方程式を得るための式 (3.11) をローレンツ (Lorentz) 条件と呼び，この条件のもとで，電界，磁界は補助ベクトル $\boldsymbol{A}$ の関数として以下のように与えられる.

3.1 波源を持つマックスウェル方程式の解

$$E = -j\omega\mu A - j\frac{\nabla\nabla\cdot A}{\omega\varepsilon} = -j\omega\mu\left(A + \frac{\nabla\nabla\cdot A}{k^2}\right) \tag{3.12}$$

$$H = \nabla \times A \tag{3.13}$$

ベクトル A に対する微分方程式 (3.10) の解を求めるのは煩雑になるが、その結果は次のようになる (付録参照).

$$A = \frac{1}{4\pi}\int_v \frac{J(r_0)}{|r-r_0|}e^{-jk|r-r_0|}dr_0 \tag{3.14}$$

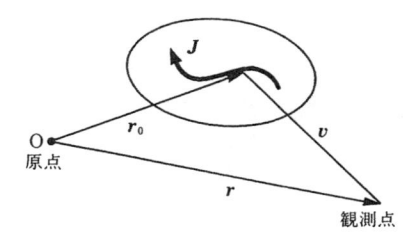

ここで、図3.1に示すように電流源 J は領域 v の内部に存在するものとし、その座標をベクトル r_0 で、観測点をベクトル r で表す.したがってベクトル $r-r_0$ は波源を原点とした観測点の相対座標を表している.

図3.1 波源ベクトルと観測点ベクトル

以上、電流源 J による解を求めたが、スロットアンテナや開口面アンテナなどの計算では磁流源 M により放射界を求めることが多い.これは第2章のバビネの原理を用いて電磁界と各定数を置き換えることにより以下のように表せる.

$$\nabla^2 A_m + k^2 A_m = -M \tag{3.15}$$

$$E = -\nabla \times A_m \tag{3.16}$$

$$H = -j\omega\varepsilon A_m - j\frac{\nabla\nabla\cdot A_m}{\omega\mu} = -j\omega\varepsilon\left(A_m + \frac{\nabla\nabla\cdot A_m}{k^2}\right) \tag{3.17}$$

$$A_m = \frac{1}{4\pi}\int_v \frac{M(r_0)}{|r-r_0|}e^{-jk|r-r_0|}dr_0 \tag{3.18}$$

電流源に対する補助ベクトル A と区別するために、磁流源に対する補助ベク

トルを A_m と表す.

3.2 微小電流素子からの放射

補助ベクトル A を用いて電流源からの放射特性を計算する例として,最も基本的な放射素子である微小電流素子からの放射を考える.微小電流素子とは,波長 λ に比べて十分小さい長さ l ($l < \lambda/15$) の線状放射素子であり,そこに電流 I が流れているとする.微小電流素子は図3.2に示すように原点上に電流が z 軸方向を向いて存在し,座標系としては (r, θ, φ) で表される球面座標系を考える.

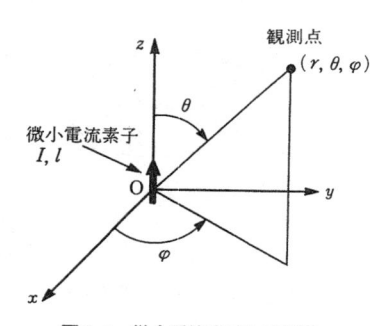

図3.2 微小電流素子と座標系

補助ベクトル A は原点に微小電流素子があるため $r_0 = 0$ としてよく,成分としては z 軸方向成分のみであるから,式 (3.14) の体積積分は微小電流素子の長さが十分短いため,被積分関数に l を乗じるだけで与えられる.

$$A = z \frac{Il}{4\pi r} e^{-jkr} \qquad (3.19)$$

上式を式 (3.12) と式 (3.13) に代入し,微分演算を球面座標系で行うと電磁界の各成分は以下のように表される.

$$E_r = \eta \frac{Il}{2\pi} k^2 \left\{ \frac{1}{(kr)^2} - j \frac{1}{(kr)^3} \right\} \cos\theta \, e^{-jkr} \qquad (3.20)$$

3.2 微小電流素子からの放射

$$E_\theta = \eta \frac{Il}{4\pi} k^2 \left\{ j\frac{1}{kr} + \frac{1}{(kr)^2} - j\frac{1}{(kr)^3} \right\} \sin\theta\, e^{-jkr} \quad (3.21)$$

$$H_\varphi = \frac{Il}{4\pi} k^2 \left\{ j\frac{1}{(kr)} + \frac{1}{(kr)^2} \right\} \sin\theta\, e^{-jkr} \quad (3.22)$$

$$E_\varphi = H_r = H_\theta = 0 \quad (3.23)$$

微小電流素子からの放射電磁界は波源からの距離 r^{-1}, r^{-2}, r^{-3} に比例する3成分に分解して考えられる．図3.3から明らかなように距離 r が原点近傍では r^{-3} の成分が支配的になり，これを準静電界という．また，H_φ 成分の r^{-2} の項は（$k=0$ のとき）電磁気学で学んだビオ・サバール（Biot-Savart）の法則によって求められる値と一致し，誘導界と呼ばれる．E_θ と H_φ のみに含まれる r^{-1} の項は $kr \gg 1$ のとき支配的になり放射界という．微小電流素子からの放射を考えるときには波源から十分離れた位置での電磁界を観測するため，式(3.20)〜(3.23)の中で r^{-1} の項のみを以下に示される放射界として扱う．

$$E_\theta = jk\eta \frac{Il}{4\pi} \frac{e^{-jkr}}{r} \sin\theta \quad (3.24)$$

$$H_\varphi = jk \frac{Il}{4\pi} \frac{e^{-jkr}}{r} \sin\theta \quad (3.25)$$

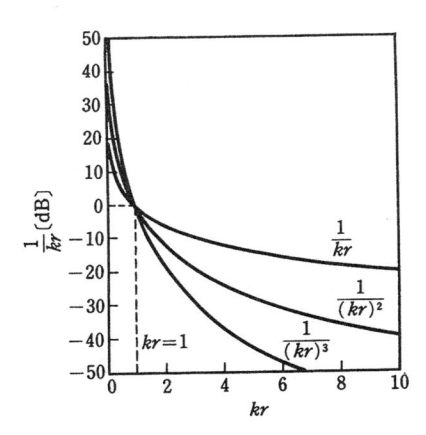

図3.3 kr の項の振舞い

放射界の E_θ, H_φ 成分の比を上式より求めると次式が得られ,

$$H_\varphi = \frac{1}{\eta} E_\theta \tag{3.26}$$

平面波で求めた電界と磁界の関係と同じになる. また, 図3.4に示すように E_θ と H_φ は直交しており局所的にみた場合, その関係は平面波と一致する. したがって, 平面波は仮想的な電磁波であるが, 局所的には現実の放射界と一致するので異なる媒質間の境界条件を求めるように, 境界面近傍で電磁界を調べるときに有効な近似法となる.

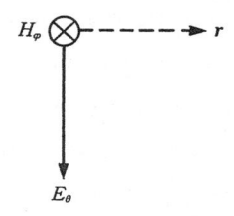

図3.4 放射界 E_θ, H_ϕ の関係

次に微小磁流素子からの電磁界を求めておく. 図3.2の微小電流素子 I を磁流 M に置き換え, バビネの原理より, $\varepsilon \longleftrightarrow \mu$ の置き換えを行い波動インピーダンスの項が逆数になることに注意して求めると, 微小磁流から放射される電磁界は以下のように表される.

$$E_\varphi = -\frac{Ml}{4\pi} k^2 \left\{ j\frac{1}{(kr)} + \frac{1}{(kr)^2} \right\} \sin\theta \, e^{-jkr} \tag{3.27}$$

$$H_r = \frac{1}{\eta} \frac{Ml}{2\pi} k^2 \left\{ \frac{1}{(kr)^2} - j\frac{1}{(kr)^3} \right\} \cos\theta \, e^{-jkr} \tag{3.28}$$

$$H_\theta = \frac{1}{\eta} \frac{Ml}{4\pi} k^2 \left\{ j\frac{1}{(kr)} + \frac{1}{(kr)^2} - j\frac{1}{(kr)^3} \right\} \sin\theta \, e^{-jkr} \tag{3.29}$$

$$E_r = E_\theta = H_\varphi = 0 \tag{3.30}$$

また, 放射界である E_φ, H_θ を示せば次のようになる.

$$E_\varphi = -jk \frac{Ml}{4\pi} \frac{e^{-jkr}}{r} \sin\theta \tag{3.31}$$

$$H_\theta = jk\frac{1}{\eta}\frac{Ml}{4\pi}\frac{e^{-jkr}}{r}\sin\theta \tag{3.32}$$

3.3 アンテナ定数

　用途に応じてアンテナを使用するとき，アンテナを選択するための指標としての評価量が必要となる．ここでは，アンテナ定数と呼ばれる各種評価量について示し，いくつかの具体的なアンテナについてその値を求める．

3.3.1 指　向　性

　波源からの放射電界は波源からの距離 r に反比例して単調に減少するが，放射界を球面座標系で表したとき次のように変数分離して表すことができる．

$$\boldsymbol{E}(r,\theta,\varphi) = C\frac{e^{-jkr}}{r}\{E_\theta(\theta,\varphi)\boldsymbol{\theta} + E_\varphi(\theta,\varphi)\boldsymbol{\varphi}\} \tag{3.33}$$

ここで C は波源の電流，または磁流の振幅によってきまる定数であり，e^{-jkr}/r は遅延ポテンシャルと呼ばれ，波源からの距離 r に反比例してその絶対値が減少し，波数 k によって位相が変動する．{ } 内は電磁波の進行方向 r に対して垂直な θ,φ 成分であり，それぞれ θ,φ の関数として与えられ，これを放射指向性という．放射指向性はアンテナの形状や，波源分布によって固有に決定され，アンテナを観測点から見る位置によって振幅，位相が変化する情報を与える．放射指向性としては，一般にその振幅分布が重要とされることが多く，方向と dB によって表され，放射パターン（pattern）またはアンテナパターンともいう．

　微小電流素子の放射指向性は，式（3.24）に示されるように，θ のみの関数 $\sin\theta$ で表されるため，図3.5のように z 軸のまわりに一様なドーナツのような形となる．

　微小電流素子は θ 方向に変化する指向性を持つが，φ 方向には一定であり，φ 方向に対して無指向性であるという．また，θ,φ いずれの方向にも指向性

を持たないアンテナを等方性アンテナと定義するが，アンテナの利得などを評価するときに仮想的に考える基準アンテナで，現実には存在しない．

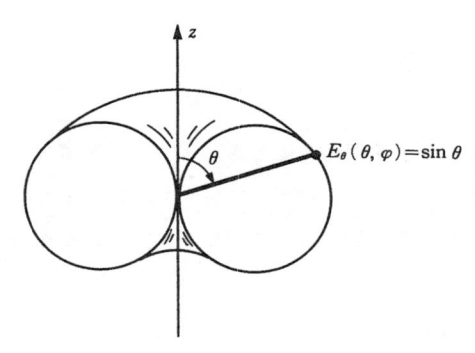

図3.5 微小電流素子の指向性

次に，実用的なアンテナの中で，図3.6に示す最も基本的な半波長ダイポールアンテナ（dipole antenna）の指向性を求めてみる．ダイポールアンテナがアンテナとして動作する理由は以下のように考えられる．同軸線路と同じようにVHF帯以下の周波数でよく使用される伝送線路の一つに，2本の導線を平行に配置するレッヘル（Lecher）線がある．ここで，図3.7に示すレッヘル線

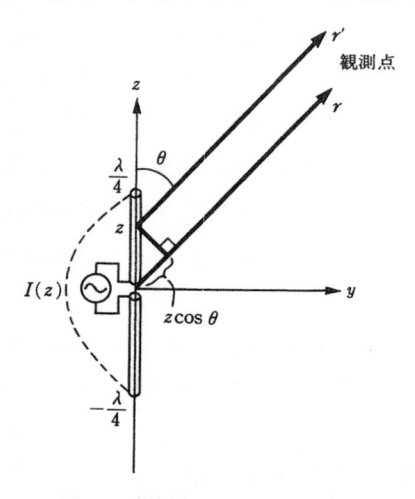

図3.6 半波長ダイポールと座標系

3.3 アンテナ定数

の特性インピーダンスは次式で計算される.

$$Z_0 = \frac{\eta_0}{\pi} \cosh^{-1}\left(\frac{d}{2a}\right) \tag{3.34}$$

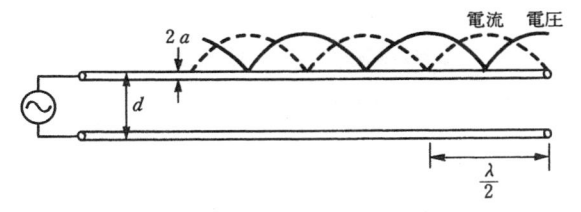

図3.7 終端を解放したレッヘル線

このレッヘル線の一端に高周波電源を接続し,他端を開放すると線路上には図に示すような電流と電圧の定在波が生じる.定在波の電流の腹である先端から $\lambda/4$ のところで,レッヘル線を図3.8のように折り曲げると,電流の最も大きなところに障害物が生じる.このような構造のとき電波は,この障害物から強く放射されアンテナとして有効に働く.このときのアンテナの全長は $\lambda/2$ すなわち半波長であり,半波長ダイポールアンテナと呼ばれる.

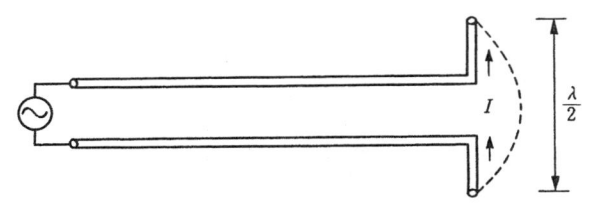

図3.8 レッヘル線とダイポールアンテナ

半波長ダイポールアンテナのパラメータは図3.6に示すように長さが使用する波長の約半分であり,その中央に高周波電源を接続することによって励振する.図3.6の電流の定在波分布を考慮すれば,アンテナ上での電流の振幅分布が原点に対して対称な関数として次式で表されるので,この電流分布を用いてダイポールアンテナの諸定数を計算する.

$$I(z) = I_0 \cos kz \tag{3.35}$$

半波長ダイポールの指向性は微小電流素子の重ね合わせとして考えることがで

きるため，微小電流素子の指向性 式（3.24）の I を $I(z)$ で置き換え z 軸方向に $-\lambda/4 \sim \lambda/4$ の区間で積分すれば求められる．

$$E_\theta = \frac{jk\eta}{4\pi} \sin\theta \int_{-\lambda/4}^{\lambda/4} I(z) \frac{e^{-jkr'}}{r'} dz \tag{3.36}$$

遅延ポテンシャルの r' は z の関数であり，観測点と原点，および z でつくる三角形から求められ，放射界が支配的になる観測点での遠方領域，$r \gg z$ では次のように近似できる．

$$r' = \sqrt{r^2 + z^2 - 2rz\cos\theta} \simeq r - z\cos\theta \qquad (r \gg z) \tag{3.37}$$

上式は図3.6で原点からの観測点ベクトル r と，z からの観測点ベクトル r' が，観測点が遠方にありほぼ平行とみなせるとき，r' から r に引いた垂線の交点 P と原点との間の距離 $z\cos\theta$ が，r' と r の差と近似できることを示している．

式（3.37）を式（3.36）に代入して積分すればよいが，遅延ポテンシャルの位相項は原点から十分遠方にあっても周期 λ で変化するが，$1/r$ の項は振幅に関係し 100λ と 101λ では1％も変化しない．したがって，r' の近似式は位相項のみに代入し，分母は r の値で近似して積分を行う．

$$\begin{aligned}
E_\theta &= \frac{jk\eta}{4\pi} \sin\theta \int_{-\lambda/4}^{\lambda/4} I(z) \frac{e^{-jk(r-z\cos\theta)}}{r} dz \\
&= \frac{jk\eta I_0}{4\pi} \frac{e^{-jkr}}{r} \sin\theta \int_{-\lambda/4}^{\lambda/4} \cos kz \, e^{jkz\cos\theta} dz \\
&= \frac{j\eta I_0}{2\pi} \frac{e^{-jkr}}{r} \frac{\cos\left(\frac{\pi}{2}\cos\theta\right)}{\sin\theta}
\end{aligned} \tag{3.38}$$

上式より半波長ダイポールアンテナは定数 $\eta I_0/2\pi = 60 I_0$ で，指向性は微小電流素子と同様に θ のみの関数で与えられる．

$$E_\theta(\theta, \varphi) = \frac{\cos\left(\frac{\pi}{2}\cos\theta\right)}{\sin\theta} \tag{3.39}$$

3.3 アンテナ定数

半波長ダイポールアンテナの指向性は E_θ 成分に平行な面の指向性であり，このような電界に平行な面内の指向性を E 面指向性という．また，磁界に対して平行な面の指向性を H 面指向性と呼び，半波長ダイポールや微小電流素子では H_φ 成分に平行な xy 面での一様な指向性である．

半波長ダイポールアンテナの指向性をデシベル表示し，最大放射方向 $\theta = 90$ 度の最大値で規格化した E 面指向性を図 3.9 に示す．指向性の表示では，このように最大値を 0 dB として表示し，角度に対する指向性を半径方向の長さで表すのが一般的である．微小電流素子の指向性は $\theta = 45$，135 度でその値が -3 dB となり，最大放射方向の放射電力の半分の電力が放射されている．アンテナから放射されている電力がその最大値から半分になるまでの角度範囲，半波長ダイポールアンテナでは約 78 度を半値幅という．

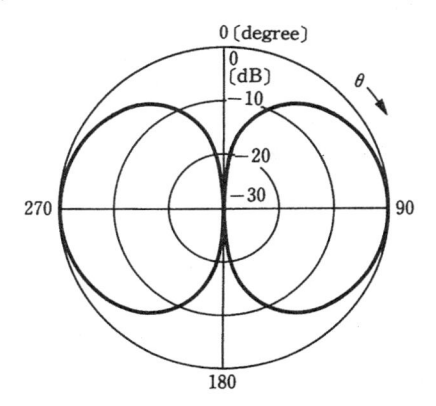

図 3.9 半波長ダイポールアンテナの E 面指向性

半波長ダイポールアンテナでは z 軸方向に電波を放射しない，すなわちナル (null) 点を持ちドーナツ型であるが，アンテナが使用波長に対して大きくなってくると指向性は単一の方向に鋭くなる．図 3.10 に示すように単一の方向に指向性を持ち，主ローブ (lobe)，またはメインビーム (main beam) が鋭くなると，他の方向に放射は弱いがいくつかのサイドローブ (side lobe) を生じる．また，最大放射方向（0 度）の反対側（180 度）近辺でのサイドローブ（バックローブ）の最大値を前後比（FB 比：front to back ratio）という．

バックローブ (back lobe) の最大値を探す範囲は 180 ± 60 度が一般的である.

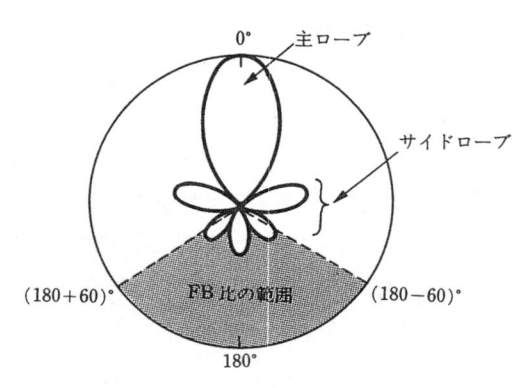

図3.10 指向性の呼称

3.3.2 放 射 抵 抗

微小電流素子は給電点に電流 $I_0 e^{j\omega t}$ が供給され電力は空間中に電磁波として放射されている. この空間中に放射されているすべての電力を P_t とすると, アンテナは抵抗 R_r を持つ等価回路で表されるので, この抵抗値 R_r を放射抵抗と定義すると次の関係式が成り立つ.

$$R_r = \frac{P_t}{I_0^2/2} \tag{3.40}$$

ここで微小電流素子の放射抵抗を求めてみる. 図3.2の座標系で半径 r の球を考えるとき, 電界強度を E_θ とすれば電力密度は $|E_\theta|^2/2\eta$ であるため, 半径 r の球面を通過する全電力 P_t が計算できる.

$$\begin{aligned} P_t &= \frac{1}{2\eta} \int_0^{2\pi} \int_0^{\pi} |E_\theta|^2 r^2 \sin\theta \, d\theta \, d\varphi \\ &= \frac{\pi}{\eta} \int_0^{\pi} |k\eta \frac{I_0 l}{4\pi} \frac{e^{-jkr}}{r} \sin\theta|^2 r^2 \sin\theta \, d\theta \\ &= 40\pi^2 \left(\frac{l}{\lambda}\right)^2 I_0^2 \end{aligned} \tag{3.41}$$

P_t から定義に従って微小電流素子の放射抵抗が求められる.

$$R_r = \frac{P_t}{I_0^2/2} = 80\pi^2 \left(\frac{l}{\lambda}\right)^2 \tag{3.42}$$

上式より放射抵抗はアンテナ長の2乗に比例して増加し，0.1λのアンテナ長では約8Ωとなる．

半波長ダイポールの放射抵抗の計算は解析的にはできず，数値積分を必要とするがその値は73.13Ωとなる．

3.3.3 実効長

半波長ダイポールのような線状のアンテナ上の電流分布は，波長で規格化された長さによって決定されるが，このときの給電電流をI_0とし，電流分布がuをアンテナに沿った座標系としたとき$I(u)$という関数で表せるとする．このとき，図3.11のように電流分布の振幅がI_0で一様な電流素子に換算したときの長さl_eをそのアンテナの実効長と定義する．

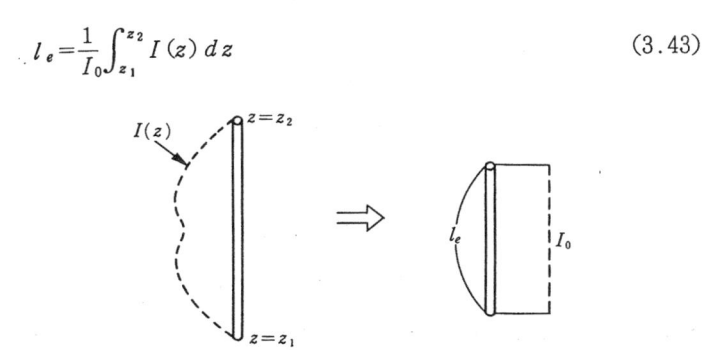

$$l_e = \frac{1}{I_0}\int_{z_1}^{z_2} I(z)\,dz \tag{3.43}$$

図3.11 アンテナ実効長

実効長l_eのアンテナから放射される電界強度の最大値は，微小電流素子の放射電界式(3.24)のlをl_eに置き換えて次のようになる．

$$E = \frac{60\pi}{\lambda r} I l_e \quad [\text{V/m}] \tag{3.44}$$

アンテナ実効長を用いて受信電界強度を算出するときには，到来波の方向とアンテナの指向性が最大となる方向を一致させるため，電界強度を計算する場

合，アンテナの指向性は最大放射方向で議論することにする．

半波長ダイポールアンテナの実効長は式（3.35）の電流分布で与えられるとき式（3.43）に従って計算すると

$$l_e = \frac{\lambda}{\pi} \quad \text{(m)} \tag{3.45}$$

実効長を用いた電界強度 式（3.44）に式（3.45）を代入すると $60\,I/r$ となり，半波長ダイポールアンテナの放射電界を指向性の定義に従って求めた式（3.38）で，最大放射方向 $\theta = 90$ 度の値と一致する．これよりアンテナの実効長が求められていれば，放射指向性を計算することなく式（3.44）によって電界強度が求められる．

3.3.4　受信開放電圧

到来した電磁波を実効長 l_e の受信アンテナで受信するとき，アンテナは到来波を最大に受信できる方向に向けられているものとする．このときアンテナ近傍での到来波の電界強度を E〔V/m〕として，負荷が接続されていないアンテナでの受信開放電圧 V_0〔V〕はアンテナ実効長を用いて次式で与えられる．

$$V_0 = E l_e \quad \text{(V)} \tag{3.46}$$

アンテナを給電点でみた入力インピーダンス Z_i は，3.3.2項で求めた放射抵抗 R_r とリアクタンス成分 X_i により $Z_i = R_r + jX_i$ と複素数で与えられる．このアンテナをインピーダンスが $Z_l = R_l + jX_l$ である負荷に接続したときの等価回路は図3.12となり，負荷に供給される受信電力 W_r は次式で計算される．

$$W_r = |I_l|^2 \frac{R_l}{2} = \left|\frac{V_0}{Z_i + Z_l}\right|^2 \frac{R_l}{2} \quad \text{(W)} \tag{3.47}$$

受信電力 W_r を最大とするためには，アンテナの入力インピーダンスと負荷インピーダンスを整合回路などを用いて共役の関係 $Z_l = Z_i^*$ に設定する必要がある．また，この最大受信電力を受信有能電力 P_r ともいう．

$$P_r = \frac{V_0^2}{8R_r} \quad \text{(W)} \tag{3.48}$$

3.3 アンテナ定数

アンテナの入力インピーダンスの実部には，放射抵抗の他にアンテナ自身による損失も含まれるがその値は放射抵抗に比べて小さく無視できるため，ここでは放射抵抗のみしか考慮していない．

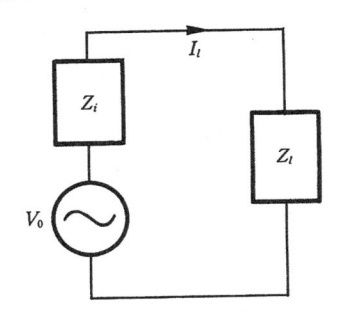

図3.12 受信開放電圧とアンテナの等価回路

3.3.5 受信断面積

到来波をアンテナで受信するとき，電磁波のエネルギーをアンテナがどれだけ吸収することができるかを評価する定数として，到来波の受信断面積を定義する．到来波の電界強度をEとすると，アンテナへの入射電力密度Pは$|E|^2/2\eta$となるため，受信断面積σは受信電力W_rをPで規格化し，式(3.46)を代入して次のように表される．

$$\sigma = \frac{W_r}{P} = \left|\frac{V_0}{Z_i + Z_0}\right|^2 R_l \frac{\eta}{|E|^2} = \frac{\eta R_l}{|Z_i + Z_0|^2} l_e^2 \quad [\mathrm{m}^2] \quad (3.49)$$

例として，半波長ダイポールの受信断面積を計算する．アンテナの負荷インピーダンスがアンテナの入力インピーダンスと共役の関係，すなわち整合がとれている状態を考えると，$Z_l + Z_i = 2R_r$となる．さらに，半波長ダイポールアンテナの実効長を代入して受信断面積が求められる．

$$\sigma = \frac{\eta}{4R_r} l_e^2 = \frac{120\pi}{4 \times 73.13}\left(\frac{\lambda}{\pi}\right)^2 = (0.36\lambda)^2 \quad [\mathrm{m}^2] \quad (3.50)$$

したがって，半波長ダイポールアンテナは，空間に一辺が0.36λ四方の到来波を吸収する開口があるものと等価であると考えられる．

ここで，アンテナが負荷に対して整合していないとき，アンテナ側から負荷を見たときの反射係数を Γ とすると，負荷への供給電力の $|\Gamma|^2$ 倍が負荷から反射されるのでインピーダンス整合度 m は次式で定義される．

$$m = 1 - |\Gamma|^2 \tag{3.51}$$

以上より，インピーダンス不整合による損失を考慮した受信断面積 σ_r は次式で表される．

$$\sigma_r = \sigma m \quad [\mathrm{m}^2] \tag{3.52}$$

3.3.6 利　　得

アンテナの性能を評価する値としてよく使用されるものに利得がある．通信等では特定の方向に電磁波を放射することが望まれ，この指向性の鋭さを示す尺度を利得といい，基準となるアンテナを用いたときに比べて，同じ電力を供試アンテナに供給したとき，どの程度特定方向に有効に放射するのかを評価する量である．

基準となるアンテナは3.3.1項で説明した等方性アンテナである．この等方性アンテナと同じ電力を半波長ダイポールアンテナに供給したとき，半波長ダイポールの E 面内で指向性を比較したものが図3.13である．半波長ダイポールアンテナは z 軸方向への放射が抑えられるため，$\theta = 90$ 度方向への放射電力密度 p_d は等方性アンテナより強くなる．等方性アンテナの放射電力密度は θ によらず一定でその値を p_i として，p_d と p_i の比を半波長ダイポールアンテナの利得 G_i と定義する．

$$G_i = \frac{p_d}{p_i} \tag{3.53}$$

等方性アンテナと供試アンテナに供給される電力が同じであるとき，供試アンテナから半径 r の球面上で放射電力を足し合わせれば，その値 P_t は等方性アンテナで計算したものと同じになる．したがって，P_t を $4\pi r^2$ で割った値は p_i に等しくなり，供試アンテナの放射電界が $E(r, \theta, \varphi)$ で与えられるとき p_i は次のように表せる．

3.3 アンテナ定数

$$p_i = \frac{1}{4\pi r^2}\int_0^{2\pi}\int_0^{\pi}\frac{1}{2\eta}|\boldsymbol{E}(r,\theta,\varphi)|^2 r^2 \sin\theta\, d\theta\, d\varphi \tag{3.54}$$

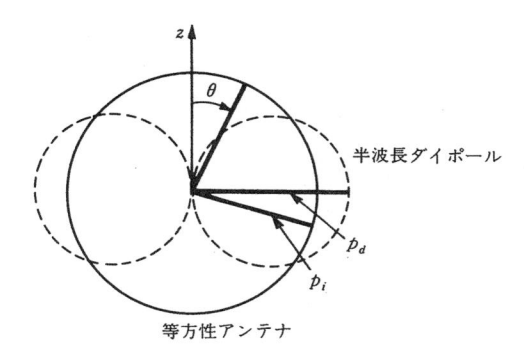

図3.13 等方性アンテナと半波長ダイポールの指向性

供試アンテナの最大放射方向（θ_0,φ_0）での放射電力密度は

$$p = \frac{1}{2\eta}|\boldsymbol{E}(r,\theta_0,\varphi_0)|^2 \tag{3.55}$$

ここで，放射電界強度 $E(r,\theta,\varphi)$ と，放射指向性を $D(\theta,\varphi)$ は比例関係にあるので供試アンテナの利得は次式で計算される．

$$G_i = 4\pi\frac{|\boldsymbol{D}(\theta_0,\varphi_0)|^2}{\int_0^{2\pi}\int_0^{\pi}|\boldsymbol{D}(\theta,\varphi)|^2\sin\theta\, d\theta\, d\varphi} \tag{3.56}$$

このように供試アンテナの利得は，そのアンテナの指向性のみから計算できるので指向性利得ともいう．また，基準アンテナとして等方性アンテナを使用したときの利得を絶対利得 G_i，半波長ダイポールアンテナを用いたときには相対利得 G_d と定義する．

$$G_d = \frac{p}{p_d} \tag{3.57}$$

半波長ダイポールアンテナの絶対利得は 2.15 dB であるため，G_i と G_d をデシベルで表示した場合次の関係式が得られる．

$$G_d = G_i - 2.15 \quad [\text{dB}] \tag{3.58}$$

アンテナと負荷のインピーダンス不整合による損失も考慮した利得は，式 (3.52) の整合損を考慮して動作利得 G_a という．

$$G_a = G_i\, m \tag{3.59}$$

次に，アンテナの利得と受信断面積の関係を明らかにするため，半波長ダイポールアンテナの利得を定義に従って計算する．このとき p_i は半波長ダイポールアンテナの放射抵抗 R_r と給電電流 $I_0 e^{j\omega t}$ により

$$p_i = \frac{1}{4\pi r^2} R_r I_0^2 / 2 \tag{3.60}$$

最大放射方向電力密度は式 (3.38) より

$$p = \frac{1}{2\eta} \left| \frac{j\eta I_0}{2\pi r} \right|^2 \tag{3.61}$$

したがって絶対利得 G_i は放射抵抗 R_r により次のように表される．

$$G_i = \frac{p}{p_i} = \frac{120}{R_r} = \frac{120}{73.15} = 1.64 \to 2.15 \mathrm{dB} \tag{3.62}$$

上式より $R_r = 120 / G_i$ を，受信断面積の定義式 (3.50) に代入し，半波長ダイポールアンテナの実効長を用いて，絶対利得と受信断面積の関係式が得られる．

$$\sigma = \frac{\lambda^2}{4\pi} G_i \tag{3.63}$$

半波長ダイポールアンテナを例として計算したが，この関係式は一般的に成り立つ．

半波長ダイポールアンテナは線状であるが，アンテナ形状が2次元的に広がりを持つようなものでは，その物理的な面積 σ_e を考えることができる．この σ_e と受信断面積との比を開口効率と定義する．

$$\eta_e = \frac{\sigma}{\sigma_e} \tag{3.64}$$

開口効率が1のとき，アンテナの面上での波源分布は一様なものとなり，到来波の電力を最大に受信できる状態であり，受信用アンテナの性能を評価する重要な値である．

3.3.7 入力インピーダンス

アンテナから効率よく電波を放射するためには,給電線との整合が重要となり,整合条件をもとめるためにもアンテナの入力インピーダンスを計算する必要がある.任意のアンテナについて入力インピーダンスを求めるのは困難だが,ここでは線状アンテナの入力インピーダンスを計算する起電力法と呼ばれる方法について説明する.

線状アンテナは実際には有限の線の太さを持つ.それを誇張して示したのが図3.14の柱状アンテナであり,その長さを $2l$,アンテナの太さの半径を a とし,アンテナ中央に設けた微小のギャップから励振するモデルを考える.アンテナの表面 ($\rho = a$) に,z 軸方向成分のみをもつ振幅分布が $I(z)/2\pi a$ の電流が流れているものとする.$2\pi a$ で電流分布を規格化しているのは,電流分布密度とするためである.この電流によって放射される電界の E_z 成分は,3.1節で定義した式 (3.14) の補助ベクトルにより,観測点の位置を導体表面での $\rho = a$ として式 (3.12) より計算すると以下のように表される.

$$E_z = \frac{jk\eta}{4\pi} \int_{-l}^{l} K(z-z') \frac{I(z')}{2\pi a} dz' \tag{3.65}$$

$$K(z-z') = a\left(1 + \frac{1}{k^2}\frac{\partial^2}{\partial z^2}\right) \int_0^{2\pi} \frac{\exp\left\{-jk\sqrt{(z-z')^2 + \left(2a\sin\frac{\varphi}{2}\right)^2}\right\}}{\sqrt{(z-z')^2 + \left(2a\sin\frac{\varphi}{2}\right)^2}} d\varphi \tag{3.66}$$

アンテナから電波が放射されるときにはアンテナは共振状態となるため,その共振条件から入力インピーダンスを求めてみる.アンテナは導体でできているので,アンテナの表面 $\rho = a$ では電界の接線成分 E_z は境界条件より零となる必要がある.ただし,$z = 0$ には給電点があるためこの点では零とならない.したがって,E_z に対する境界条件は次のように表せる.

$$E_z = 0 \quad (\rho = a, \ z \neq 0) \tag{3.67}$$

上式に式 (3.65) を代入すると,E_z は $|z| \leq l$ の範囲で零となり,$z = 0$ で

は有限の給電点電圧値 V をとる．これを方程式として解くため，E_z に $z=0$ で値が1となる重み関数 $w(z)$ を乗じて積分すれば，給電点での電圧 V に対して以下の積分方程式が与えられる．

$$\int_{-l}^{l} w(z) E_z \, dz = V \tag{3.68}$$

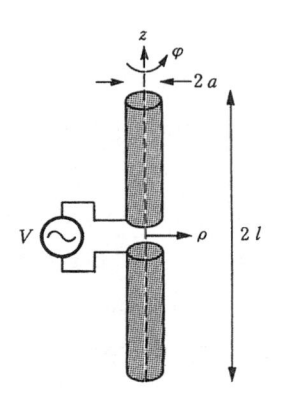

図3.14 柱状アンテナの座標系

このように，連続関数に重み関数を乗じて区間内で積分して方程式化する手法を一般的にモーメント法（method of moment）という．重み関数 $w(z)$ の具体的なものとしては電流分布関数をその最大値で規格化したものを使用することが多い．給電点での電流は $I(0)$ であるので，上式から入力インピーダンス Z_i は次のようにして求められる．

$$Z_i = \frac{V}{I(0)} \tag{3.69}$$

この計算はやや煩雑なものになるが，その結果をまとめればアンテナ全長が半波長以下のダイポールアンテナでは入力インピーダンスは以下のような式で精度よく計算することができる．

$$Z_i = R(kl) - j\left\{120\left(\ln\frac{l}{a} - 1\right)\cot(kl) - X(kl)\right\} \tag{3.70}$$

$$R(x) = -1.636\,x + 28.24\,x^2 - 12.59\,x^3 + 8.985\,x^4 \tag{3.71}$$

$$X(x) = 9.748\,x + 13.23\,x^2 - 12.31\,x^3 + 6.934\,x^4 \tag{3.72}$$

さらに $l < \lambda/10$ のような微小ダイポールアンテナの入力インピーダンスは次式のように近似できる．

$$Z_i \simeq 20\,(kl)^2 - j\frac{120}{(kl)}\left(\ln\frac{l}{a} - 1\right) \tag{3.73}$$

以上のようにアンテナの線径から共振条件を求めることによりアンテナの入力インピーダンスを求める手法を起電力法と呼ぶ．

ここで述べた手法は直線状のアンテナに対して有効であるが，アンテナが曲線状であったり，板状の構造をしているときにでも，アンテナを微小な柱状アンテナに分割して入力インピーダンスやアンテナ上の電流分布を求めることができる．このようにアンテナを微小区間に分割して計算する方法をワイヤーグリッド（wire-grid）法という．

3.4 等価電磁流

空間中に電流 J_0 と磁流 M_0 があり，それによって電磁界 E_0, H_0 が放射されるとする．このとき，J_0 と M_0 を取り囲む仮想的な境界 S を考え，その内部の電磁界を E, H と仮定する．境界面 S では電界と磁界の境界条件より

$$\boldsymbol{n} \times (\boldsymbol{H}_0 - \boldsymbol{H}) = 0 \tag{3.74}$$

$$\boldsymbol{n} \times (\boldsymbol{E}_0 - \boldsymbol{E}) = 0 \tag{3.75}$$

境界面 S は仮想的に存在するものであるから，境界面での電磁界成分の不連続は生じず上式の関係が成り立つ．ここで，観測者が仮想境界 S の外側にいて，S の内側の電磁界に関する情報を全く得られないとき，観測者としては $\boldsymbol{E} = \boldsymbol{H} = 0$ とおかざるをえず，S 上での境界条件式 (3.74)，(3.75) が成り立たなくなる．ここで，$\boldsymbol{E} = \boldsymbol{H} = 0$ としたときの境界面 S での電磁界の成分と境界面 S 上の法線ベクトル $\boldsymbol{n}$ とのベクトル積を等価的な電流 $\boldsymbol{J}_S$ と磁流 $\boldsymbol{M}_S$ と仮定する．

$$\boldsymbol{J}_S = \boldsymbol{n} \times \boldsymbol{H}_0 \tag{3.76}$$

$$M_S = -n \times E_0 \tag{3.77}$$

仮想的な電磁流を境界面 S で考えることにより，波源である J_0 と M_0 の情報を得ることなく，境界面上での電磁界から仮定できる J_S と M_S によって，S の外側の電磁界を扱うことができる．このようにして境界面での電磁界分布がわかっているとき，それによる放射界は開口面で等価電磁流を考えることにより計算できる．これは，境界面 S に到来した電磁波が，S 面上で新たな波源をつくりそこから電磁波が放射されることを示しておりホイヘンスの原理と等価である．

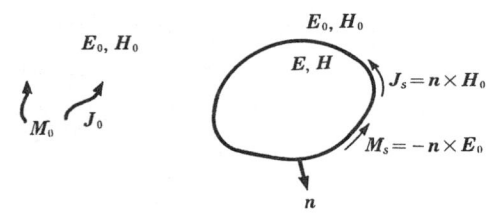

(a) J_0, M_0 による電磁界　　(b) 仮想境界 S

図 3.15　等価電磁流

3.5　開口面からの放射

3.5.1　一様に分布した波源からの放射

等価電磁流を用いて面上に電流，磁流が分布するときの放射界を求める．図 3.16 に示すように長方形 S ($a \times b$) の xy 面上に電流 J と磁流 M が分布している波源を考える．面上の任意の位置を S で表し，原点から S までの距離を ρ，原点 O および S から観測点 $P_0(\theta, \varphi)$，$P(\theta, \varphi)$ までの距離を r_0，r とし，$\overline{OP_0}$ と $\overline{OS}$ のなす角度を θ' とする．ここで，3.1 節で定義した補助ベクトル A，A_m は面上の電流と磁流により

$$A = \frac{1}{4\pi} \int_S \frac{J}{r} e^{-jkr} dS \tag{3.78}$$

3.5 開口面からの放射

$$A_m = \frac{1}{4\pi}\int_S \frac{M}{r} e^{-jkr} dS \tag{3.79}$$

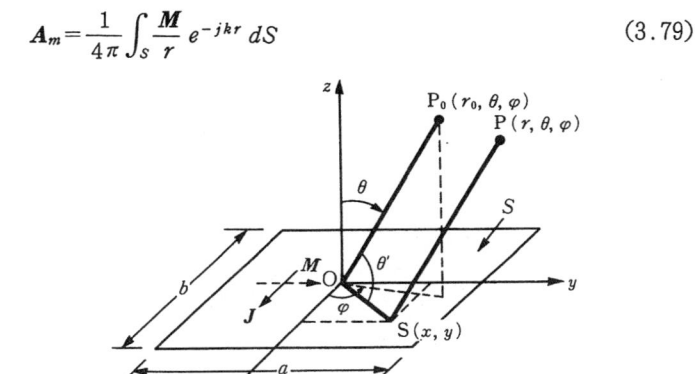

図 3.16 開口面と座標系

波源のある面から十分離れた位置での放射界を取り扱うため，式（3.37）と同様に S から観測点までの距離 r は次のように近似できる．

$$r \fallingdotseq r_0 - \rho\cos\theta' \tag{3.80}$$

補助ベクトルの位相項に上式を代入し，分母の r を r_0 で近似すると

$$A \fallingdotseq \frac{e^{-jkr_0}}{4\pi r_0}\int_S \boldsymbol{J} e^{jk\rho\cos\theta'} dS \tag{3.81}$$

$$A_m \fallingdotseq \frac{e^{-jkr_0}}{4\pi r_0}\int_S \boldsymbol{M} e^{jk\rho\cos\theta'} dS \tag{3.82}$$

原点から P_0 に向かう単位ベクトル r_0 を次式のように表すとき，

$$\boldsymbol{r}_0 = \boldsymbol{x}\sin\theta\cos\varphi + \boldsymbol{y}\sin\theta\sin\varphi + \boldsymbol{z}\cos\theta \tag{3.83}$$

$\rho\cos\theta'$ は $\overline{OS}$ を $\overline{OP_0}$ 上に射影したときの長さであるから，上式と原点から S に向かうベクトル $x\boldsymbol{x}+y\boldsymbol{y}$ との内積から求められる．

$$\rho\cos\theta' = x\sin\theta\cos\varphi + y\sin\theta\sin\varphi \tag{3.84}$$

放射界の領域では電界と磁界は互いに直交関係にあり r 方向に進む波は θ，φ 成分のみである．また，電界と磁界は波動インピーダンス η により $H=\dfrac{1}{\eta}E$ の関係があるので，補助ベクトルを用いて式（3.12）と式（3.16）から，放射に寄与する電界成分の項，すなわち $1/r$ の項のみを取り出す．ベクトル演算

は付録を参照し球面座標系を用いて行う．

$$E_\theta = -j\omega\mu A_\theta - jk\,A_{m\varphi} \tag{3.85}$$

$$E_\varphi = -j\omega\mu A_\varphi + jk\,A_{m\theta} \tag{3.86}$$

ここで，A_i，A_{mi}（$i=\theta,\varphi$）は各補助ベクトルのi成分を表し，上式により面上に分布する電磁流からの放射界が求められる．

電流，磁流の分布として，面S内にz軸の負の方向から平面波が入射したときを考える．入射した平面波は開口面Sのみに存在し，xy面内で$|x|>a/2$，$|y|>b/2$の領域には存在しないものとする．具体的には，図3.16のようなxy面上に無限に広がる導体板をおき，その中央に$a\times b$の開口が空いているモデルに対し平面波が入射した場合を考えればよい．入射した平面波がx成分の電界E_Sとy成分の磁界H_Sを持つとき，S面上では式(3.76)，(3.77)により次の等価電磁流があると考えられる．

$$\boldsymbol{J} = -H_S\,\boldsymbol{x} \tag{3.87}$$

$$\boldsymbol{M} = -E_S\,\boldsymbol{y} \tag{3.88}$$

放射電磁界を球面座標系で表すために，x，y方向の単位ベクトルを球面座標系の単位ベクトルで表示する．

$$\boldsymbol{x} = \boldsymbol{r}\sin\theta\cos\varphi + \boldsymbol{\theta}\cos\theta\cos\varphi - \boldsymbol{\varphi}\sin\varphi \tag{3.89}$$

$$\boldsymbol{y} = \boldsymbol{r}\sin\theta\sin\varphi + \boldsymbol{\theta}\cos\theta\sin\varphi + \boldsymbol{\varphi}\cos\varphi \tag{3.90}$$

これらの関係式を式(3.87)，(3.88)に代入した結果を，補助ベクトルの表示式(3.81)，(3.82)を用いて等価電磁流からの放射界，E_θ，E_φ成分を求めると以下のように表せる．

$$E_\theta = +jk(\eta H_S\cos\theta + E_S)\cos\varphi\,D \tag{3.91}$$

$$E_\varphi = -jk(\eta H_S + E_S\cos\theta)\sin\varphi\,D \tag{3.92}$$

$$D = \frac{e^{-jkr_0}}{4\pi r_0}\int_S e^{jk\rho\cos\theta'}dS \tag{3.93}$$

面S上での積分では，平面波がx，y方向に一様に分布するものとして式(3.93)を算出している．Dの計算をS面上で行うとき放射界をθ，φの関数のみで表すために，式(3.84)を代入し積分を実行すると

3.5 開口面からの放射

$$D = \frac{e^{-jkr_0}}{4\pi r_0} \int_{-a/2}^{a/2} \int_{-b/2}^{b/2} \exp\{jk(x\cos\varphi + y\sin\varphi)\sin\theta\}\, dx\, dy$$

$$= \frac{e^{-jkr_0}}{4\pi r_0} \frac{\sin\left(\dfrac{ka}{2}\sin\varphi\sin\theta\right)}{\dfrac{ka}{2}\sin\varphi\sin\theta} \times \frac{\sin\left(\dfrac{kb}{2}\cos\varphi\sin\theta\right)}{\dfrac{kb}{2}\cos\varphi\sin\theta} \cdot ab$$

(3.94)

式の簡略化のため，上式の sin の引き数を u，v で表す．

$$u = \frac{ka}{2}\sin\varphi\sin\theta \tag{3.95}$$

$$v = \frac{kb}{2}\cos\varphi\sin\theta \tag{3.96}$$

ここで，面 S 上で $H_s = \eta E_s$ であることから式 (3.91)，(3.92) を E_s のみを用いて書き改めると以下のようになる．

$$E_\theta = -\frac{jk}{4\pi} \frac{e^{-jkr_0}}{r_0}(1+\cos\theta)\cos\varphi\, E_s \frac{\sin u}{u} \frac{\sin v}{v} ab \tag{3.97}$$

$$E_\varphi = \frac{jk}{4\pi} \frac{e^{-jkr_0}}{r_0}(1+\cos\theta)\sin\varphi\, E_s \frac{\sin u}{u} \frac{\sin v}{v} ab \tag{3.98}$$

上式によって求められる $a = 2\lambda$，5λ としたときの放射指向性を立体的に示したものが図 3.17 である．E_θ には $\cos\varphi$ が，E_φ には $\sin\varphi$ の項があるため，E_θ の指向性を φ 方向に 90°回転させたものが E_φ の指向性であるため図には E_θ のみを示した．開口幅 a によらず，$\varphi = 90°$ の面では E_θ が天頂方向以外は存在せず，くびれた放射指向性を示している．この面では E_θ 成分は存在せず，E_φ 成分が主成分となり，このとき E_φ 成分と直交する H_θ 成分が存在する．球面座標系で各電磁界成分を表したときの E 面，H 面の定義は E_θ，H_φ の互いに直交する成分が支配的，つまり他のカット面よりも強く放射される面を E 面，E_φ，H_θ 成分が支配的となる面を H 面と定義する．開口幅が大きくなると天頂方向に最大値をもつ主ビームが細くなるが，その両側に生じるサイドローブの数が増えることがわかる．

次にサイドローブのレベルの開口幅による依存性をみてみる．E面，H面の指向性はu, vの規格化された座標系上にあるためa, bによって主ビームの幅は異なるが，第1サイドローブのレベルはa, bに依存せず一定となる．図

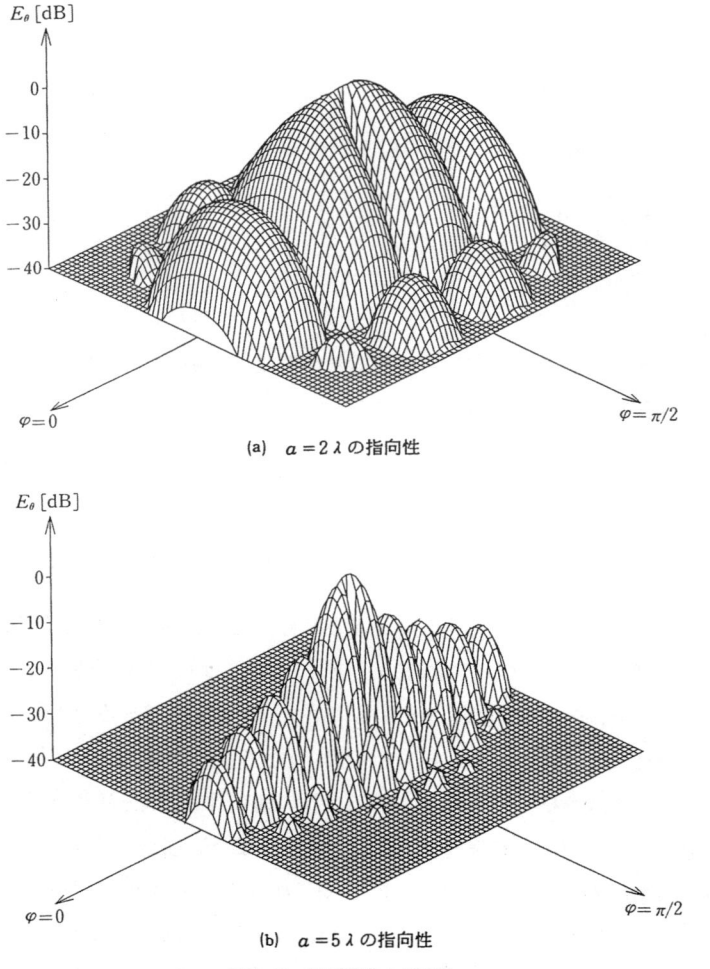

(a) $a=2\lambda$の指向性

(b) $a=5\lambda$の指向性

図3.17 放射電界の指向性

3.18に開口の幅aを2λ, 5λとしたときのE面内指向性を示す．指向性はz軸に対して対称であるため，$0 \leqq \theta \leqq 90°$の範囲で計算してある．これより，

3.5 開口面からの放射

開口幅が広くなると主ビームが細くなりサイドローブの数は増えるが，第1サイドローブのレベルは開口幅に依存せず一定であることがわかる．

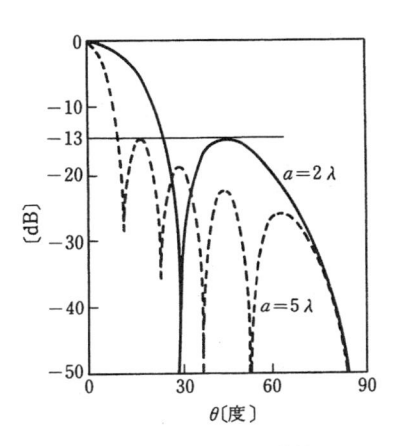

図3.18 E面とH面指向性

次に面S上に一様に分布した平面波から放射されるときの指向性利得を求める．放射される全電力は面S上でのポインティング電力を面上で積分した値に等しくなるので，次式で表される．

$$P = \frac{1}{2}\frac{E_S^2}{\eta}ab \tag{3.99}$$

面Sから放射される電磁波の最大放射方向はz軸方向，すなわち，$\theta = \varphi = 0$であるから式（3.97）より，最大放射方向の電力密度は

$$p_m = \frac{1}{2}\frac{E_S^2}{\eta}(ab)^2\left(\frac{k}{2\pi r_0}\right)^2 \tag{3.100}$$

なお，最大放射方向では$E_\varphi = 0$となる．式（3.99）と（3.100）により利得の定義式に従って計算すると

$$G_i = \frac{4\pi r_0^2 p_m}{P} = \frac{4\pi}{\lambda^2}ab \tag{3.101}$$

式（3.63）に上式の利得Gを代入すると，$\sigma = ab$で実効面積が面Sの面積と等しくなり，式（3.64）の定義により開口効率は1となる．このように一様

に分布する波源からの放射では開口面積と実効面積が等しくなり，受信アンテナとして使う場合，到来した電磁波のすべてのエネルギーを受信できることになる．

3.5.2 波源分布が与えられたときの放射

これまでは面 S 上での波源分布が一様な場合を扱ってきたが，より一般的な問題として，面 S 上での電界 E_S が $f(x, y)$ という関数で分布し，$\frac{1}{\eta_S} H_S = E_S = E_{S_0} f(xy)$ の関係があるときの放射界は以下のように表せる．

$$E_\theta = -jk(\eta_S H_{S_0} \cos\theta + E_{S_0}) \cos\varphi D_S \tag{3.102}$$

$$E_\varphi = jk(\eta_S H_{S_0} + E_{S_0} \cos\theta) \sin\varphi D_S \tag{3.103}$$

$$D_S = \frac{e^{-jkr_0}}{4\pi r_0} \int_{-b/2}^{b/2} \int_{-a/2}^{a/2} f(x, y) \exp\{jk(x\cos\varphi + y\sin\varphi)\sin\theta\} dx\, dy \tag{3.104}$$

上式により，開口での波源分布の違いによる指向性への影響を計算したものを表 3.1 に示す．ここでは E_S の分布が x 方向のみの関数とし，y 方向には一様であるものとし，開口面積を $1\lambda^2$ としている．波源分布が x 方向にも一様なときには指向性利得が最も大きくなるが，第 1 サイドローブのレベルも大きくなる．波源分布を，開口の中央から端に向かって振幅分布の減少する度合いを大きくしていくと，開口効率と利得が減少するが第 1 サイドローブレベルを小さくすることができる．放送衛星からの電波を受信するようなときには，開口効率を 1 に近づけた方が到来波の電力を有効に使うことができる．これに対し

表 3.1 開口分布による指向性 $ab = 1\lambda^2$

$f(x, y)$	指向性利得〔dB〕	開口効率	第 1 サイドローブ〔dB〕
1	16	1	-13
$\cos\left(\frac{\pi x}{a}\right)$	15	0.81	-23
$\cos^2\left(\frac{\pi x}{a}\right)$	14	0.67	-32

3.5 開口面からの放射　　　　　　　　　　　　　　　75

てレーダーのアンテナとして用いる場合，目的とする方向以外からの電波は妨害波となるため，利得を犠牲にしてもサイドローブレベルを小さく抑えることが必要となる．

3.5.3 開口面アンテナ

開口面から放射される電磁波の特性を考えてきたが，ここで代表的な開口面アンテナであるパラボラアンテナ（paraboloid）の構成を考える．図 3.19 に示すようにパラボラアンテナはお椀形の反射鏡と，それに支持材で固定された電磁波を照射する一次放射器からなる．反射鏡は放物線を中心軸に対して回転させた回転放物面を用いる．このような構造のアンテナからの放射特性を考えるときには，これまで示したように反射鏡上に一次放射器からの電磁波の照射によって誘起される等価電磁流を求めて計算することができる．しかし，パラボラアンテナの動作は幾何光学的な扱いによって近似的に説明できるため，ここではそれについて考える．

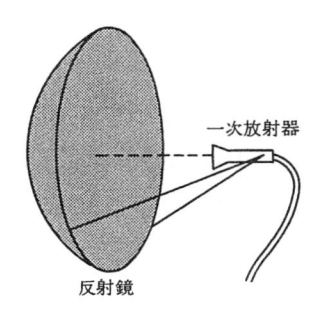

図 3.19　パラボラアンテナの構成例

パラボラアンテナに代表される開口面アンテナは，一般的に利得の大きな用途に対して用いられる．利得が大きいというのは，ある特定の方向のみに電磁波が集中して放射されるということである．パラボラアンテナの一次放射器から放射された電磁波が特定方向に集光される原理を，図 3.20 のアンテナの断面図により考える．

x 軸に対して回転対称な反射面の焦点距離を f とするとき，反射面は次の関

数で表される.

$$x = \frac{y^2}{4f} \tag{3.105}$$

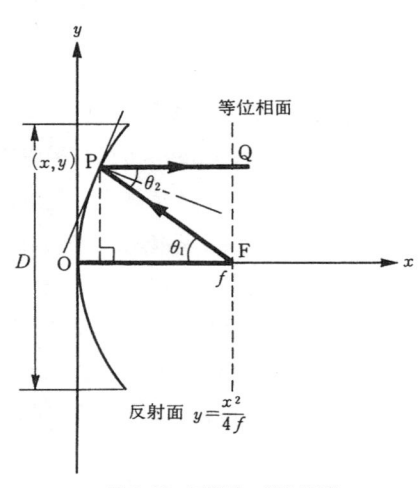

図 3.20 反射鏡の等位相面

反射面の焦点Fに一次放射器を置くとき,反射面に向けて放射された電磁波の一部を光線状に近似すると,その軌跡は反射面上の点Pで反射しx軸方向に進む.一次放射器から放射され反射面で反射された電磁波が,すべてx軸方向に集光されるための条件は,線分$\overline{PQ}$とx軸が平行になり$\overline{FP}+\overline{PQ}$が反射点の位置に無関係になることである.$x$軸と$\overline{FP}$のなす角$\theta_1$は点Pの座標を$(x, y)$として表される.

$$\tan \theta_1 = \frac{y}{f-x} \tag{3.106}$$

また,$\overline{FP}$と$\overline{PQ}$のなす角θ_2はFからの光線が点Pで完全反射することから次式が成り立つ.

$$\tan\left(\frac{\pi}{2} - \frac{\theta_2}{2}\right) = \frac{dy}{dx} = \frac{2f}{y} = \sqrt{\frac{f}{x}} \tag{3.107}$$

ここで点Pでの接線の傾きをxのみの関数として表した.上式より$\tan(\theta_2$

3.5 開口面からの放射

$/2)=\sqrt{x/f}$ となるため，$\tan\theta_2$ は半角の公式を用いて次のように表せる．

$$\tan\theta_2 = \frac{2\tan\dfrac{\theta_2}{2}}{1-\tan^2\dfrac{\theta_2}{2}} = \frac{2\sqrt{xf}}{f-x} = \frac{y}{f-x} \tag{3.108}$$

上式は式 (3.106) と一致するため，$\theta_1=\theta_2$ となり線分 $\overline{PQ}$ と z 軸は平行になることがわかる．ここで，$x,\ y$ は式 (3.105) の関係を満足すればよいので，鏡面上の任意の点で反射した電磁波は x 軸と平行になる．

次に反射した電磁波の伝搬光路長を計算する．反射点 P から x 軸に垂直に下ろした垂線から点 F までの距離 $f-x$ を用い，式 (3.106) より $\cos\theta_1 = (f-x)/(f+x)$ となることを利用して，$\overline{FP}+\overline{PQ}$ の長さは以下のように計算できる．

$$\begin{aligned}\overline{FP}+\overline{PQ} &= \frac{f-x}{\cos\theta_1}+f-x=(f-x)\left(\frac{f+x}{f-x}+1\right)\\ &= 2f\end{aligned} \tag{3.109}$$

上式により，$\overline{FP}+\overline{PQ}$ の光路長は反射点の位置に関係なく常に $2f$ と一定となる．反射鏡で反射した電磁波は点 Q に達するとき，方向は x 軸と平行でその長さは $2f$ と一定であるため，点 F と点 Q を結ぶ線を x 軸の回りに回転させてできる面で反射した電磁波の位相は等しくなり等位相面と呼ばれる．

以上により式 (3.105) で決定される反射鏡面は，x 軸方向に電磁波の位相を揃えて，この方向に電磁波を集中して放射させることが可能となる．

図 3.19 に示したパラボラアンテナでは一次放射器への給電線の引き回しによって，反射鏡から反射される電磁波の放射特性を乱すことがある．これを解決するための構造として，図 3.21 のようにパラボラアンテナの一次放射器の位置に副反射鏡を置き，一次放射器を主反射鏡の中央から行うものをカセグレンアンテナ（cassegrain fed paraboloid）と呼び，大きな利得が必要とされる地上局と衛星との間の通信などに用いられる．カセグレンアンテナのように大きな利得を必要としない，放送衛星から直接電波を受信だけするような用途では，図 3.22 に示すパラボラアンテナの反射鏡の一部を一次放射器を傾けて

照射するオフセットパラボラアンテナがある．オフセットパラボラアンテナ (offset paraboloid) では反射鏡からの反射波が一次放射器によって乱されない利点があり，アンテナの開口効率を大きくすることができる．

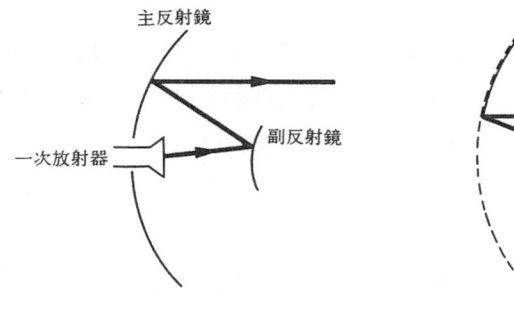

図3.21 カセグレンアンテナ

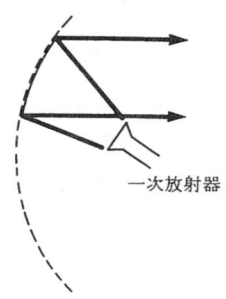

図3.22 オフセットパラボラアンテナ

3.6 スロットからの放射

図3.23に示すように xy 面上に広がる無限導体板上に，x 軸方向の幅 b が y 軸方向の長さ a に比べて十分小さい（$a > 10b$）スロットが開いているものとする．z 軸の負の方向から平面波（E_x, H_y）が入射する場合を考えると，スロットからの z 軸の正の方向への放射はスロット面内上に，等価電磁流を仮定

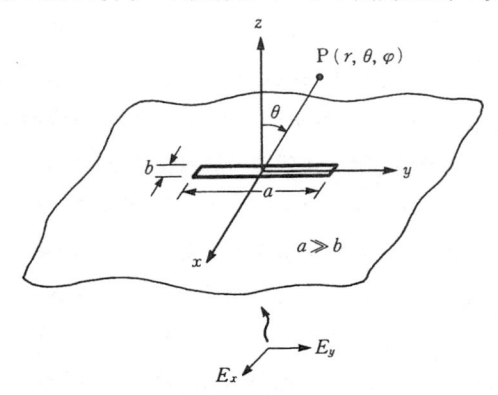

図3.23 無限導体板上のスロット

3.6 スロットからの放射

して3.5節と同様にして求められる．ただし，近似的に考えると$z<0$から入射する平面波はスロット面以外では導体のため完全に反射されるが，スロット面では入射した電界の一部がスロットから$z>0$方向に透過する．このとき，スロット開口部での電界は連続なのでスロット面からの反射波は，ポインティングベクトルの定義から磁界の向きが逆となる．したがって，スロット面での磁界は入射波と反射波の向きが逆になって打ち消されるので，スロット面で考える等価電流は無視して，電界による等価磁流のみを考えればよい．

図3.23での観測点Pの座標を(r, θ, φ)とするとき，補助ベクトルの被積分関数の位相項は，スロットの幅x方向への波源分布の変化が無視できるため（$\varphi \fallingdotseq \frac{\pi}{2}$）次のように近似できる．

$$\rho \sin \theta' = y \sin \theta \tag{3.110}$$

スロットの両端$y = \pm a/2$でx方向の電界成分E_sが導体に接するため境界条件より零となることを考慮して，スロット上での電界分布を次のように仮定する．

$$E_s = E_0 \cos\left(\frac{\pi y}{a}\right) \tag{3.111}$$

$\varphi \fallingdotseq \frac{\pi}{2}$を考慮して上式を波源分布を考慮した式(3.103)に代入するとD_sは次式となる．

$$D_s = \frac{e^{-jkr_0}}{4\pi r_0} \int_{-b/2}^{b/2} \int_{-a/2}^{a/2} E_0 \cos\left(\frac{\pi y}{a}\right) e^{jky\sin\theta} dx dy$$

$$= \frac{e^{-jkr_0}}{2\pi r_0} \frac{\pi/a}{(\pi/a)^2 - k^2 \sin^2\theta} \cos\left(\frac{ka}{2}\sin\theta\right) E_0 b \tag{3.112}$$

スロットからの放射を半波長ダイポールアンテナと比べるために，座標系を図3.24のように変換する．等価磁流のベクトルが変換後の座標系でz方向を向くことからz軸方向の単位ベクトルを球面座標系のベクトルで表示すると

$$\boldsymbol{z} = \boldsymbol{r} \cos\theta - \boldsymbol{\theta} \sin\theta \tag{3.113}$$

上式を補助ベクトル 式(3.82)の磁流のベクトルとして考え，積分項はθを$\theta - \pi/2$で置き換えたD_sで与えられる．放射界に寄与するのはθ成分であるから式(3.86)の第2項のみが残る．

$$E_\varphi = -jk D_s \sin\theta \tag{3.114}$$

スロットの長さが半波長 $a = \lambda/2$ として D_s を計算すると，スロットからの放射電界が求められる．

$$E_\varphi = -j\frac{e^{-jkr_0}}{2\pi r_0}E_0 b\frac{\cos\left(\frac{\pi}{2}\cos\theta\right)}{\sin\theta} \tag{3.115}$$

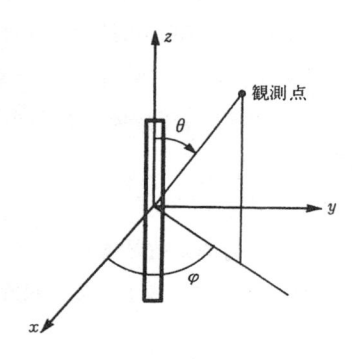

図 3.24　座標系の変換

また，放射電界と直交する放射磁界は波動インピーダンスを用いて

$$H_\theta = \eta E_\varphi \tag{3.116}$$

以上により求められたスロットからの放射界は磁流からの放射であるから，電流からの放射である半波長ダイポールアンテナの放射電磁界をバビネの原理により置き換えを行うと同様の結果が得られることがわかる．

スロットをアンテナとして利用するときには，導波管の壁面に長さが約半波長のスロットを切ってスロットアンテナとする．図 3.25 にその一例を示すが，スロットからの放射量をスロットを切る角度や位置によって制御し所望の指向性を得るようにしている．

3.7　アレイアンテナ

所望のアンテナ指向性を得るために開口面アンテナなどでは波源分布を開口面上で制御しなくてはならず，パラボラアンテナでは反射鏡の曲面を場所によっ

3.7 アレイアンテナ

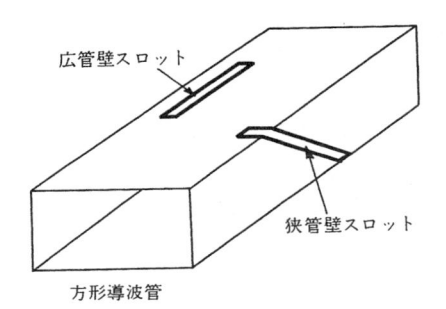

図 3.25 導波管スロットアンテナ

て変化させるなどの精密な技術が必要とされる．これに対して複数のアンテナ素子を配列してそれぞれのアンテナ素子の励振条件を制御して所望の指向性を得ようとするものがアレイアンテナ（array antenna）である．

図 3.26 のように xy 面内で一様な指向性のアンテナ素子（ダイポールアンテナを z 軸と平行に配置した場合に相当する）を，x 軸上に等間隔 d で $2n+1$ 個を配列したものを考える．すべてのアンテナ素子の振幅と位相が同じ条件で励振されているとき，観測点 P での原点に配置したアンテナ素子からの放射界の振幅を 1 とすれば，k 番目の素子の位相は $k\delta$ だけ進んでいるため，このアレイアンテナの θ 方向での指向性は次の $g(\theta)$ で表される．

$$g(\theta) = 1 + e^{j\delta} + e^{j2\delta} + \cdots\cdots + e^{jn\delta}$$
$$+ e^{-j\delta} + e^{-j2\delta} + \cdots\cdots + e^{-jn\delta} \tag{3.117}$$

$$\delta = kd \sin\theta \tag{3.118}$$

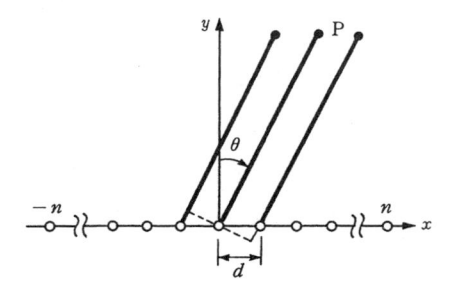

図 3.26 等間隔等振幅アレイ

$g(\theta)$ は初項 $e^{-jn\delta}$, 項比 $e^{j\delta}$, 項数 $2n+1$ の等比数列の和として求められる.

$$g(\theta) = \frac{\sin(2n+1)\frac{\delta}{2}}{\sin\frac{\delta}{2}} \tag{3.119}$$

アンテナ素子数によらず上式の最大値が1となるように規格化してその絶対値をとると次式が得られる.

$$\hat{g}(\theta) = \frac{1}{2n+1}\left|\frac{\sin(2n+1)\frac{\delta}{2}}{\sin\frac{\delta}{2}}\right| \tag{3.120}$$

上式は図3.27に示すように δ が 2π の周期で変化するが,アンテナ素子の間隔 d によって以下のように二分できる.$|\delta|<2\pi$ では $\delta=0$ のみで最大となるが,$|\delta|\geq 2\pi$ では $(m=\pm 1, \pm 2, \cdots)$ で最大値1を取るため,複数の主ビームを持つことになる.$\delta=0$ 以外で最大値をとるビームをグレーティングローブ (grating lobe) と呼び,アレイアンテナではグレーティングローブの発生しない $|\delta|<2\pi$ の条件で使用するのが一般的である.

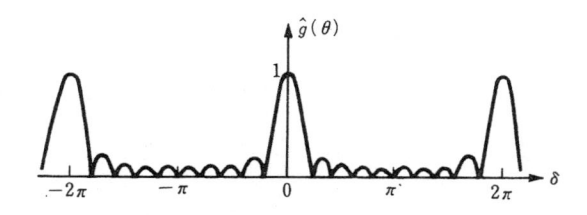

図3.27 等間隔等振幅アレイの指向性 $n=10$

図3.28に $n=5$ および $n=10$ のアレイアンテナの指向性を電力比で表したものを示す.等振幅,同位相のアレイアンテナでは素子数が増えるにつれ,サイドローブとして放射される量が減少するため利得は大きくなる.しかし,等振幅分布であるため開口面アンテナと同じように第1サイドローブレベルの大きさに変化はない.また,素子アンテナの間隔 d が十分小さいときには式 (3.

120) は

$$\hat{g}(\theta) \simeq \frac{\sin u}{u}, \quad u = (2n+1)\frac{\delta}{2} \tag{3.121}$$

と表され面上に一様に分布した波源からの放射指向性と等しくなる.

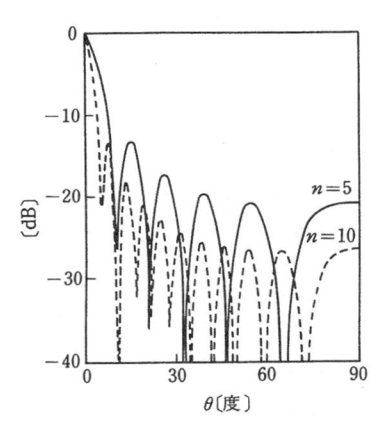

図3.28 5素子, 10素子アレイの指向性

各アンテナ素子が等振幅,同位相の場合を扱ったが,アンテナ素子の励振位相が $kd\sin\theta_0$ ずつ x 軸上の正の方向では遅れ,負の方向では進む場合を考えると,式 (3.118) の δ が次式で置き換えられる.

$$\delta = kd(\sin\theta - \sin\theta_0) \tag{3.122}$$

ここで,$\theta = \theta_0$ で $\delta = 0$ となるため,主ビームの方向が θ_0 に傾いた指向性となる.すなわち,各アンテナ素子から放射された電磁波が θ_0 で同相となるもので,このような励振方法を共相励振と呼び,θ_0 をビームチルト (tilted beam) 角ともいう.しかし,主ビームの傾き角を45度としたときには,グレーティングローブが発生しないように $|\delta| < 2\pi$ となるためにはアンテナ素子間隔

を 0.6λ 以下にする必要がある．ビームチルト角 θ_0 でのグレーティングローブの発生しない素子間隔条件は次のように与えられる．

$$d < \frac{\lambda}{(1+\sin\theta_0)} \tag{3.123}$$

ビームチルト角を 90 度としてアレイの配列方向に主ビームを向けたものをエンドファイアアレイ（endfire array）と呼び，ビームチルトをせずに 0 度方向にビームを向けたものをブロードサイドアレイ（broadside array）という．アンテナ素子数を一定にして共相励振によりビームを傾けたときにはグレーティングローブが発生しないように，素子間隔を狭くしなくてはならない．したがって，アンテナ素子数が一定のときには，ビームを傾けるにつれアンテナの有効面積が減少するため，利得も減少する．

一般のアレイアンテナではアレイを構成するすべての素子に給電するが，給電を行わない寄生素子といわれるものを給電したアンテナ素子の近くに配置してエンドファイアアレイと同じ指向性をもたせるものを八木・宇田アンテナと呼ぶ．八木・宇田アンテナは図 3.29 に示すように，給電素子より若干長いアンテナを反射器と呼び，その反対側に給電素子より若干短い導波器を 1 本，または複数配置した構造である．給電素子には半波長ダイポールアンテナなどが利用される．その動作はアレイアンテナとして説明するより，給電素子と寄生素子によって構成される一種の導波路として考えるほうが理解しやすいが，やや専門的になるのでここでは省略する．

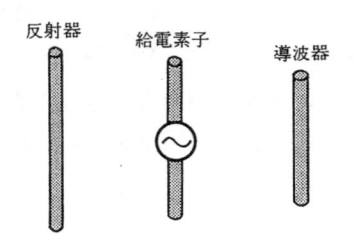

図 3.29 八木・宇田アンテナ

八木・宇田アンテナは 1920 年代にわが国で発明されたが，ごく一部の VHF

帯用通信回線として使用されただけであった．八木・宇田アンテナが注目を集めるようになったのは，第2次大戦中のレーダ用のアンテナとして使われてからである．その後は，VHF, UHF 帯のテレビジョン放送の開始にともなって，簡単な構成で高利得の性能が得られるため広く一般家庭にまで普及した．八木・宇田アンテナの指向性利得を増加させるためには，導波器の数を増やせばよい．反射器は給電素子からの電波を反射するため，反射器を複数置いても効果は少ないが，導波器を増やすと導波器方向に一種の導波路が構成されるため利得が向上する．表3.2に給電素子を含めた素子数と指向性利得 G，およびアンテナの FB 比の関係を示す．素子数には給電素子と反射器が1本ずつ含まれ，素子数が2本のときは導波器を使用しない例である．

表3.2 八木・宇田アンテナの素子数と指向性利得 G および FB 比

素子数	G 〔dBi〕	FB 比〔dB〕
2	5	8
3	7	13
5	10	19
8	12	23
12	14	25

3.8 平面アンテナ

前節までに基本的なアンテナ素子や，それを用いたアレイアンテナについて述べてきた．無線通信や電波を利用した機器が普及するにつれて，アンテナに対して小型化や薄型化が望まれている．アンテナを小型化すると，一般的にその特性は劣化し，アンテナの特性を保ったまま小型化することは不可能である．したがって，アンテナの小型化に際しては，用途に応じて小型化すべきアンテナの特性の一部を劣化させる必要がある．このように，アンテナの小型化に関しては問題があるが，アンテナを小型化するのではなく薄型化することによって，機器の内部への組み込みやアンテナの存在を感じさせないものを実現しようとするのが平面アンテナである．

3.8.1 平面アンテナの定義と小型アンテナ

平面アンテナという名前が一般的になってきたのは,衛星放送受信用のアンテナとして平面アンテナが登場し,社会的に認知されるようになってからである.しかし,平面型のアンテナに関する研究は1970年ごろから行われており,20年近い歴史がある.平面アンテナが必要とされたのは,ミサイル(missile)に搭載するアンテナとしてである.高速で移動する物体に取り付けられるアンテナが突起物のようになっては困るため,物体の形状に沿って配置できる平面型のアンテナが開発された.このように,物体形状に沿う形で取り付けられるアンテナをコンフォーマル(conformal)アンテナとも呼ぶ.

平面アンテナの定義は明確ではないが,UHF帯以上の周波数で使用される厚さが2〜3cm以下の板状構造のアンテナが平面アンテナと呼ばれる.

アンテナの小型化に関しては空間の媒質定数が線形的である限り,同じ原理に基づくアンテナは,次の関係式でその大きさと性能が決定される.

$$\frac{電気的体積}{帯域 \times 利得 \times 放射効率} = 一定(定数) \qquad (3.124)$$

ここで電気的体積とは,アンテナ各寸法を共振波長で規格化して計算される体積である.

上式によれば,中波帯ラジオの受信用アンテナは,使用される周波数の波長でその大きさを比較すると,極めて小さなアンテナとみなせるが,放射効率を犠牲にしているため小型化されている.すなわち,アンテナの小型化に関しては,アンテナの持つ特性のいずれかを劣化させなくてはならなない.

平面アンテナは小型アンテナと同一視されがちだが,平面アンテナは決して小さなアンテナではない.これはアンテナの占有体積を計算すれば明らかである.原理の異なるアンテナの大きさを比較するときには,上式の左辺を計算してその定数を比較すればよいが,一般的な平面アンテナとロッドアンテナのような線状アンテナの定数値を比較すると,1桁から2桁も線状アンテナが小さくなっている.

3.8.2 マイクロストリップアンテナ

平面アンテナの代表的なものにマイクロストリップ (microstrip) アンテナがある．ダイポールアンテナやモノポールアンテナが，レッヘル線の先端を開放したものの一部であると説明できるように，マイクロストリップアンテナは，マイクロストリップ線路の先端を開放してその一部を利用したものである．マイクロストリップ線路は，図 3.30 に示すように比誘電率 ε_r の誘電体基板の下面はすべて導体として，上面に幅 W の線路を描き伝送線路とする．伝送線路の特性インピーダンス Z と，線路内の波長 λ_g は次式で定義される等価誘電率 ε_e を用いて計算することができる．

$$\varepsilon_e = \frac{\varepsilon_r+1}{2} + \frac{\varepsilon_r-1}{2\sqrt{1-10h/W}} \tag{3.125}$$

$$Z = \frac{\eta_0}{\sqrt{\varepsilon_e}} \tag{3.126}$$

$$\lambda_g = \frac{\lambda}{\sqrt{\varepsilon_e}} \tag{3.127}$$

ここで，η_0, λ_f は，自由空間の波動インピーダンスと波長である．

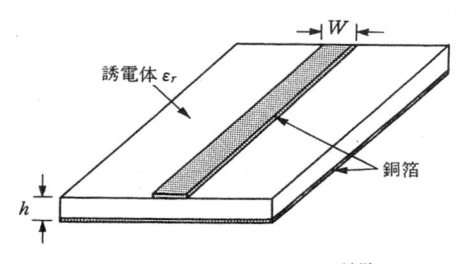

図 3.30 マイクロストリップ線路

基板下面の導体が線路幅 W に比べて十分に大きいときには，下面の導体は無限に広がる導体と同じ効果をもつ．このとき，図 3.30 のストリップ線路上を電流 J が流れるとすると，下面の導体を取り去り，間隔 $2h$ をおいて反対方向に電流 $-J$ が流れるストリップ線路がある図 3.31 のモデルの特性と等価で

ある．したがって，マイクロストリップ線路は，そのイメージ電流を考えればレッヘル線と同じ伝送線路と考えることができる．

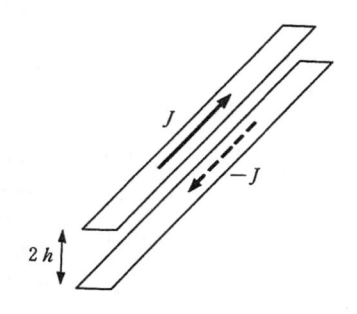

図 3.31 イメージ電流とストリップ線路

レッヘル線上の定在波分布からダイポールアンテナを考えたように，ストリップ線路の両端を開放したときの線路上の定在波分布は，図 3.32 のようになる．このときのストリップ線路の長さ L は式（3.127）で定義された線路内波長 λ_g によって次のように決定される．

$$L = \frac{\lambda_g}{2} \tag{3.128}$$

誘電体基板の比誘導電率が 1 のときには，式（3.127）より $\lambda = \lambda_g$ となり，ダイポールアンテナの共振長と同じ半波長となる．

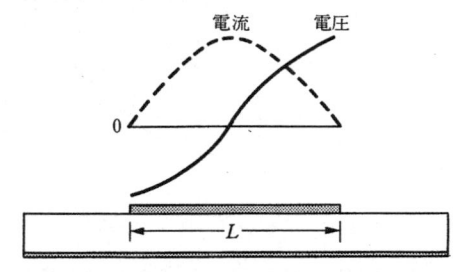

図 3.32 両端を開放した線路上の定在波分布

マイクロストリップアンテナの共振長が，その長さ L によって決定されるため，線路の幅 W は共振条件とは無関係になる．しかし，式（3.124）で示したようにアンテナの帯域を広く取るためには，アンテナの電気的体積を大きく

する必要があり，マイクロストリップ線路をアンテナとして用いるときには$W<L$の範囲で必要な帯域が取れる程度までWを広げる必要がある．なお，このマイクロストリップアンテナの電気的体積V_eは以下のように計算される．

$$V_e = \frac{LWh}{\lambda_g^3} \tag{3.129}$$

ダイポールアンテナからの放射は，アンテナ上の電流分布から計算された．これに対して，マイクロストリップアンテナは，イメージ電流を考えるとその向きが逆であるため，互いに放射界が打ち消し合いアンテナからの放射を考えることができない．そこで，マイクロストリップアンテナからの放射界は，アンテナ端部の電界分布に着目して求める．

共振したストリップ線路端部の電界分布は，図3.32の電圧の定在波分布を考慮すれば図3.33のような分布となる．ストリップ線路部分への電磁界の閉じ込めがよいため，アンテナ端部に図のような電界が分布し，その外側には電界が存在しないと近似的に考えることが可能である．現実にはアンテナの外側にも電界は存在するが，アンテナ端部から空間内に広がるためその密度が急激に減少する．第2章の境界条件で調べたように，境界面で磁界の不連続があるときには境界に電流が流れる．これを考慮するとマイクロストリップアンテナの端部では電界の不連続が生じるため，境界に磁流が流れると仮定できる．アンテナ端部の電界をE，端面での法線ベクトルをnとするとき磁流Mは$E \times n$で表される．したがって，アンテナ端部には図3.34に示すような磁流を仮定できるため，この磁流によりマイクロストリップアンテナからの指向性が計算できる．

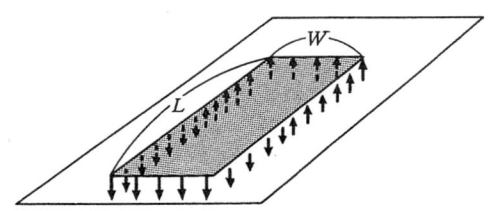

図3.33 共振したストリップ線路端部の電界分布

アンテナ正面方向，z軸方向で考えると，磁流 M_1 と M_3, M_6 と M_4 は互いに逆向きであるため打ち消して放射に寄与せず，M_2 と M_5 の放射が支配的となる．このときの yz 面内の電界の指向性は，磁流 M_2, M_5 は yz 面内でそれぞれ無指向性であるため，素子間隔が L の2素子等振幅アレイの指向性として次のように計算される．

$$D(\theta) = \cos\left(\frac{kL}{2}\sin\theta\right) \tag{3.130}$$

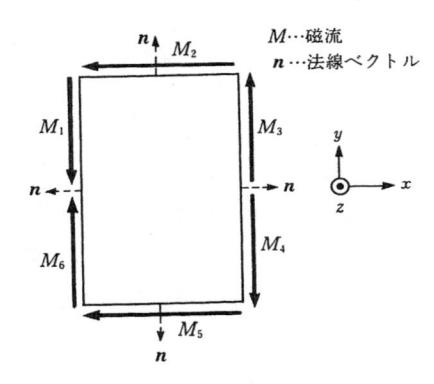

図 3.34　ストリップ端部の磁流分布

上式より，アンテナの最大放射方向は，$\theta = 0$ 度でアンテナの共振長 L が大きくなるにつれビーム幅が狭くなることがわかる．

演習問題

3.1 微小電流素子の補助ベクトル 式 (3.19) から放射される電磁界の各成分が式 (3.20)〜(3.22) と表せることを示せ.

3.2 1波長ダイポールアンテナの E 面内指向性を電流分布が式 (3.35) で与えられるものとして計算せよ.

3.3 微小磁流の放射抵抗を求めよ.

3.4 周波数 900 MHz の電波が半波長ダイポールアンテナで受信されるときの受信電圧を求めよ. ただし, 到来波の電界強度を $50\ \mu\mathrm{V/m}$ とする.

3.5 開口が 60 cm 四方のアンテナの指向性利得を, 開口効率が 60, 70, 80 % であるときに対してそれぞれ求めよ. ただし, 周波数は 12 GHz とする.

3.6 図 3.16 の座標系において, 開口での電界分布が $\cos(\pi x/a)$ で与えられるとき指向性を計算せよ. ただし, y 方向には一様に分布しているものとする.

3.7 3素子等振幅アレイの素子間隔が半波長であるときの指向性を求め, 図示せよ.

3.8 半波長ダイポールアンテナ2本が平行に $\lambda/4$ の間隔で配置され, その位相差が $\pi/2$ で等振幅に励振されたときの H 面内の指向性を計算せよ.

4

電波伝搬

アンテナから放射された電磁波は空間中を伝搬するが，電磁波を利用するためにはその伝搬特性を十分に把握しておく必要がある．本章では，電磁波の伝搬について，媒質や障害物 また電磁波の周波数によってどのような違いがあるのかを説明する．現実の伝搬環境は非常に複雑であるが，それぞれの環境によって受ける影響を最も効果的に説明できるモデルを考える．電磁波の伝搬については，その伝搬距離が波長に比べて非常に長いことを考慮して，電磁波を光線として近似する幾何光学近似を主に用いて説明する．また，自然現象が電波伝搬にどのような影響を及ぼすかについても考える．

4.1 伝搬の分類

電磁波の伝搬は，地上波，対流圏波，電離層波の三つに大別できる．地上波は主に地表面の影響を強く受けながら伝搬するもので 最も基本的なものは送信点と受信点を結ぶ直線上を伝搬する波で直接波と呼ばれる．直接波を受信するときにはほとんどの場合，大地によって反射された大地反射波の影響を受けるため，直接波と大地反射波をあわせて空間波と呼び，VHF，UHF の見通し内通信に使用される．UHF 帯以上の周波数では送信アンテナの指向性を鋭くすることが可能なので，大地反射波の影響を受けにくくなり直接波が主となる．
大地と大地近傍の媒質との境界条件によって存在することのできる地表波は，

大地の表面に沿って伝搬する．さらに，アンテナから放射された電磁波が大地の曲面によって回折しながら進むものを大地回折波という．以上の空間波，地表波，回折波を総称して地上波と呼ぶが，地上波は対流圏の影響を必ず受けるため，かならずしも地上波として分離できるとはいえない．地表波または回折波として遠距離まで伝搬可能な周波数はVLF帯である．また，LF，MF帯の周波数帯では主に地表波が使用されるが，夜間においては後述する電離層波も存在し遠距離への伝搬が可能となる．

　地上表面から約10 km上空までを対流圏といい，空気を構成する気体分子や水蒸気などが含まれ対流現象を生じている．この対流圏内を伝搬する波を対流圏波と呼ぶが，伝搬性質を決定づけるのは対流圏での屈折率分布である．屈折率にゆらぎが生じた場合，見通し外の極めて遠距離の通信が可能となることもあり，このように伝搬する電磁波を対流圏散乱波という．また，屈折率分布の特異性から対流圏反射波や，屈折率分布の逆転からラジオダクト (radio duct) 波とよばれる伝搬波もある．

　対流圏のさらに上空では，大気が太陽光線によって電離し，イオンと電子の混在するプラズマ状態となって高度方向に層状に分布しているので電離層と呼ばれる．電離層はその状態によって屈折率が負から正まで変化し，その屈折率の影響を受けて伝搬する波を電離層波という．電離層波が積極的に利用できるのはHF帯であり，条件によっては地球の裏側とも通信が可能である．

4.2　空間波の伝搬

4.2.1　直接波の伝搬損

　送信アンテナと受信アンテナの最短直線距離を伝搬する直接波の伝搬損失は，主に電磁波の空間中での広がりによって生じる．図4.1に示すように空間中の全方向に均一に電磁波を放射する等方性アンテナがあるときを考える．等方性アンテナの出力を P_i とし，アンテナから距離 d だけ離れた点での電力密度を p_d とすると，半径 d の球面上の電力密度をすべて足し合わせたものは P_i と等

しくなるので，次式が成り立つ．

$$4\pi d^2 p_d = P_i \qquad (4.1)$$

したがって，アンテナから放射された電磁波は球面状に広がるため $1/4\pi d^2$ を係数として電力密度が弱くなる．

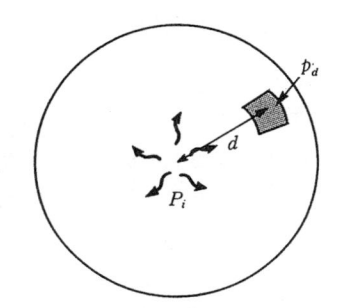

図4.1 等方性アンテナからの放射

図4.2のように送受信アンテナの利得がそれぞれ G_t，G_r で，アンテナの最大利得方向で両アンテナが向き合っているものとする．送信出力を P_t とするとき，最大放射方向への放射電力密度は

$$p_{td} = G_t P_t / 4\pi d^2 \qquad (4.2)$$

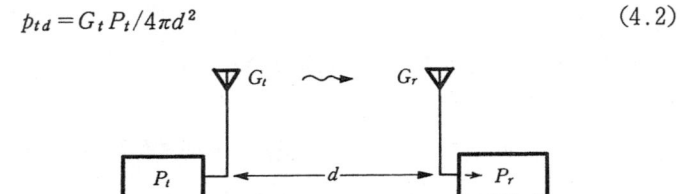

図4.2 自由空間中での伝送

として与えられる．これは，送信アンテナとして利得のあるアンテナを用いたとき，最大放射方向では等方性アンテナを送信アンテナとしたときに比べて電力密度が G_t 倍されるということである．送受信アンテナの距離が d だけ離れているときの電磁波の広がりによる損失は $1/4\pi d^2$ であるため，受信アンテナに到達する電力密度は $G_t P_t / 4\pi d^2$ となる．受信アンテナの最大利得方向が送信アンテナの方向と一致しているとき，その受信断面積は式（3.63）より $\lambda^2 G_r / 4\pi$ であるから，受信アンテナでの受信電力は次のように表せる．

4.2 空間波の伝搬

$$P_r = \frac{G_t P_t}{4\pi d^2} \frac{\lambda^2}{4\pi} G_r = \left(\frac{\lambda}{4\pi d}\right)^2 G_r G_t P_t \tag{4.3}$$

上式において $(\lambda/4\pi d)^2$ の項は距離 d の2乗に反比例して減少することを示しているので，自由空間の伝搬損失 L として定義する．

$$L = \left(\frac{\lambda}{4\pi d}\right)^2 \tag{4.4}$$

上式より自由空間の伝搬損失は波長で規格化された伝搬距離 d/λ の2乗に反比例することがわかり，周波数の高い電磁波を利用するほど同じ伝送距離では伝搬損失が大きくなることを示している．

図4.1において，波源から距離 d だけ離れた点での電界強度を E_d とすると，自由空間の波動インピーダンスを η として $p_d = E_d^2/2\eta$ の関係があることから，式 (4.1) に代入すると次式が得られる．

$$P_i = \frac{E_d^2}{2\eta} 4\pi d^2 \tag{4.5}$$

上式に $\eta = 120\pi$ の値を代入して E_d を求めると

$$E_d = \frac{\sqrt{60 P_i}}{d} \tag{4.6}$$

ここでは等方性アンテナに P_i の電力を供給したときの距離 d の点での電界強度が求められた．送信アンテナの利得を考慮すれば上式は次のように表せる．

$$E_d = \frac{\sqrt{60 G_t P_i}}{d} \tag{4.7}$$

4.2.2 大地反射波

送信アンテナの指向性を鋭くできないときには，直接波の他に大地からの反射波の影響を考慮する必要がある．幾何光学的に考えれば，図4.3のように送信点Oから受信点Aに至る反射波の光路は，「2点間を伝搬する光線の光路は最短距離をとる」というフェルマ（Fermat）の原理にしたがって決定される．反射点は大地内に受信点AのイメージA′を考えれば最短距離としてOA′を

結ぶ直線と大地の交点として求められる．直接波の光路長を d_1，大地反射波の光路長を d_2，大地での電界に対する反射係数を R とすれば，反射波の位相遅れは自由空間の波数を k_0 として $e^{-jk_0(d_2-d_1)}$ となるから，受信点 A での電界強度 E_A は直接波の振幅を E_0 として次のように近似できる．

$$E_A = E_0 \{1 + R e^{-jk_0(d_2-d_1)}\} \tag{4.8}$$

直接波と反射波の光路差 $d_2 - d_1$ は次式で表される．

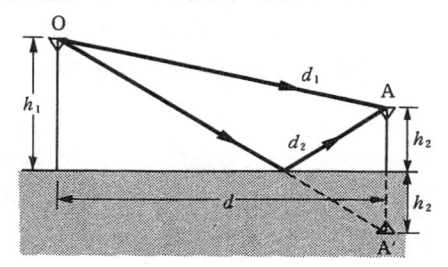

図4.3 直接波と大地反射波

$$d_2 - d_1 = \sqrt{d^2 + (h_1+h_2)^2} - \sqrt{d^2 + (h_1-h_2)^2} \tag{4.9}$$

ここで送受信点間の距離 d は送受信アンテナの高さ h_1，h_2 より十分に大きいため，次のように近似できる．

$$d_2 - d_1 \simeq d\left\{1 + \frac{1}{2}\left(\frac{h_1+h_2}{d}\right)^2\right\} - d\left\{1 + \frac{1}{2}\left(\frac{h_1-h_2}{d}\right)^2\right\} = \frac{2h_1h_2}{d} \tag{4.10}$$

上式を式 (4.8) に代入し，大地での反射係数は $R = -1$ とみなすことができるので，受信点での電界強度の絶対値が得られる．

$$|E_A| = 2E_0 \left| \sin\left(\frac{2\pi h_1 h_2}{\lambda d}\right) \right| \tag{4.11}$$

受信点での電界強度は，受信点の高さによって周期的に変動し，これをハイトパターン (height pattern) と呼ぶ．さらに，$h_1, h_2 \ll d$ のとき，$h_1 h_2/\lambda d \simeq 0$ となるので，上式は次のように近似できる．

$$|E_A| \simeq E_0 \frac{4\pi h_1 h_2}{\lambda d} \tag{4.12}$$

4.2 空間波の伝搬

送信アンテナから十分に離れた受信点では，受信電界強度は受信アンテナの高さに比例するため，受信電界強度を増加させるためにはアンテナ高を高くすればよいことがわかる．

式（4.12）において直接波の電界強度を，式（4.7）を用いて送信アンテナの出力電力で表せば次式が得られる．

$$|E_A| = \frac{97\sqrt{G_t P_t}\, h_1 h_2}{\lambda d^2} \tag{4.13}$$

したがって，送信電力と送信アンテナの利得から，送信点から十分遠方での受信電界強度を推定することができる．

ところで，伝搬距離が長くなるときには，地球が球形であることを考慮する必要がある．球面上の大地に，送信アンテナと受信アンテナが見通せる位置にあるとき，すなわち，直接波が存在する図4.4のモデルを考える．ここで，反射点での接線から送受信アンテナの高さを計ったものを $h_1{}'$，$h_2{}'$ と定義し，送受信点の球面大地上に沿った長さを d' とする．このときに受信点での電界強度は，大地が球面でない図4.3のモデルにおいて，$h_1 \to h_1{}'$，$h_2 \to h_2{}'$，$d \to d'$ の置き換えを行えば近似的に計算できる．

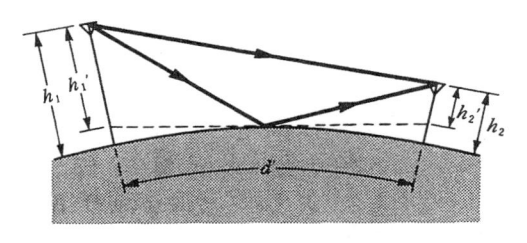

図4.4 球面大地の影響

4.2.3 ナイフエッジによる回折

平地や海上での電波伝搬では，直接波と反射波の影響が支配的であるが，伝搬経路に山や，丘陵などの障害物があるときにはその影響を考慮する必要がある．伝搬距離が数 km から数十 km となるときには，山のような障害物は図4.5に示すようなナイフエッジ（knife edge）として近似することができる．こ

のモデルで送信点を A, 受信点を B とし, ナイフエッジの頂上から AB を結んだ直線までの距離を H とする. このとき送信点 A から伝搬する波は直接波の他に, ナイフエッジによって回折する成分が生じる. 受信点を地表面から上げていくとすると, 送信点 A が見えてくるまではナイフエッジによる回折波成分しか見えない回折領域であり, それ以上の高さでは直接波と回折波が共に存在する干渉領域となる.

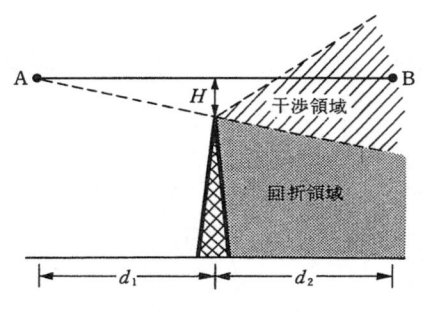

図 4.5 ナイフエッジによる回折

ナイフエッジが存在しないときの点 A から点 B に到来する直接波の電界強度を E_{BA} とすれば, ナイフエッジによる回折波 E_B は次式で計算される.

$$E_B = S(u) E_{BA} \tag{4.14}$$

$$u = H \sqrt{\frac{2}{\lambda} \left(\frac{1}{d_1} + \frac{1}{d_2} \right)} \tag{4.15}$$

$S(u)$ は, ナイフエッジから送受信点までの距離 d_1, d_2 と H をパラメータとして式 (4.15) で定義されたクリアランス (clearance) 係数 u を変数とした関数で与えられ回折係数とよばれる.

回折係数は図 4.6 に示すように $H = 0$ で 0.5 の値をとり, $H < 0$ の回折領域では送受信点間に直接波が存在しなくなり急激に減少する. また, $H > 0$ の干渉領域では H に比例して増加し, $u = 1.2$ 近辺で最大値 1.17 をとり, 周期的に変化をしながら $S(u) = 1$ の値に収束する.

送受信点が見通し距離内に存在しないときには, 球面大地での地表波や, 大地の曲がりによる回折波しか受信点に到達できず, 受信電界強度は極めて弱く

なる．このようなとき，送受信点間の中央にナイフエッジとみなせるような障害物があれば，ナイフエッジによる回折波が受信点に到達する．ナイフエッジによる回折波は，地表波や球面大地による回折波よりも強度が強くなり，ナイフエッジによって見通し外の受信電界強度が上昇することを山岳利得とも呼び，遠距離通信に利用されることもある．

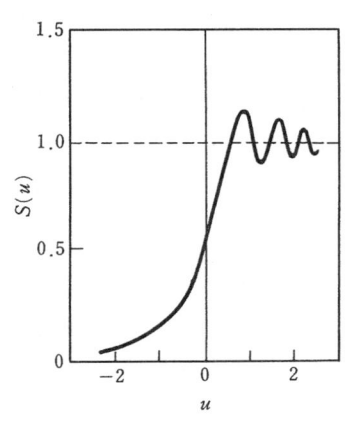

図 4.6　回折係数

4.2.4　フレネルゾーン

受信点での電界強度は，幾何光学的には送信点からの直接波と障害物による反射，または回折波との合成として考えられる．したがって，障害物からの到来波と直接波の位相差によって到来波と直接波の合成による受信電界強度は大きく変動する．図 4.7 のように送受信点間の点 Q に障害物があり，点 Q から直接波への垂線までの距離を h とするとき点 Q を通って受信点に到達する光路長は，$d_1 \gg h$，$d_2 \gg h$ の条件のもとで以下のように近似できる．

$$\overline{AQ} + \overline{QB} = \sqrt{d_1^2 + h^2} + \sqrt{d_2^2 + h^2}$$
$$\simeq d_1 + d_2 + \frac{h^2}{2}\left(\frac{1}{d_1} + \frac{1}{d_2}\right) \tag{4.16}$$

上式の第 3 項は直接波と障害物からの到来波の光路差であるから，この光路差

が半波長の m 倍となる距離 h_m を次のように定義する.

$$\frac{\lambda}{2}m = \frac{h_m^2}{2}\left(\frac{1}{d_1} + \frac{1}{d_2}\right) \tag{4.17}$$

$$h_m = \sqrt{m\lambda \frac{d_1 d_2}{d_1 + d_2}} \tag{4.18}$$

反射点 Q は点 P を中心に回転させても上式の関係は成り立つため,上式を満たす位置は,点 P の周囲の半径 h_m の円上に存在する.PQ 間の距離が $0 \leq h \leq h_1$ のリング状の領域を第 1 フレネルゾーン (Fresnel zone), $h_1 \leq h \leq h_2$ を第 2 フレネルゾーンと呼び,第 1 フレネルゾーンからの到来波を位相差 π で打ち消すことになる.以下, $h_{m-1} \leq h \leq h_m$ の領域を第 m フレネルゾーンと呼ぶ.

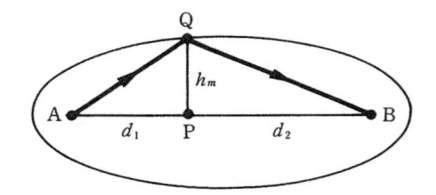

図 4.7 フレネルゾーン

送受信点間に障害物があるときには,障害物による反射波の影響を受け難くするため,第 1 フレネルゾーン内に障害物が存在しないようにすべきである.

4.3 対流圏伝搬

4.3.1 多層分割モデル

大気中での電磁波の伝搬は,電磁波が直線的に進むとみなせる幾何光学的な考え方を用いると,対流圏内での屈折率分布が伝搬に対してどのような作用を及ぼすかが問題となる.一般的に大気中の屈折率は上空にいくに従って緩やかに減少する.大気を図 4.8 に示すように多層に分割して,各層では屈折率が一定とみなせる大気のモデルを多層分割モデルという.不均質な媒質であっても分割数を多くとれば極めて良好な近似である.

4.3 対流圏伝搬

この多層分割モデルから屈折率が不均質な分布をしているときの伝搬について考える．各層の屈折率 n_i と波数 k_i は比例関係にあり，i 層から $i+1$ 層に波が入射するとき，スネルの法則より次式が成り立つ．

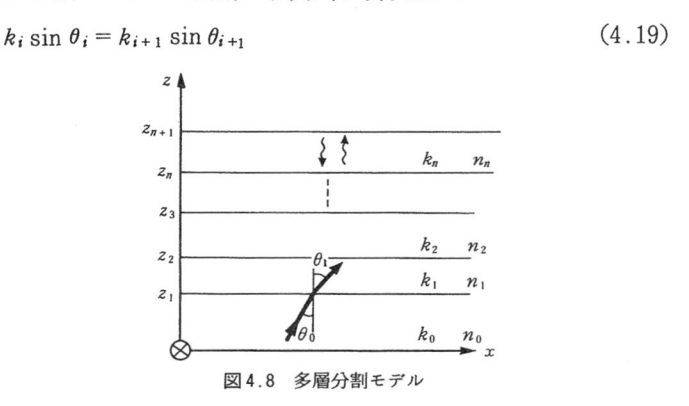

$$k_i \sin \theta_i = k_{i+1} \sin \theta_{i+1} \tag{4.19}$$

図 4.8 多層分割モデル

このモデルでは xy 面内での屈折率は各層内で一定であるため，z 軸方向の電磁界分布のみを考えればよい．図 4.8 のように斜めに伝搬する電磁波の z 軸方向の分布は，正負の方向に進む波の和として表されるため，伝搬する電磁波を平面波として近似し，E_x 成分と H_y 成分を持つものとして第 n 層内では以下のように表される．

$$E_{xn}(z) = A_n e^{-jk_n \cos\theta_n (z-z_n)} + B_n e^{jk_n \cos\theta_n (z-z_n)} \tag{4.20}$$

$$H_{yn}(z) = \frac{1}{\eta_n} \{ A_n e^{-jk_n \cos\theta_n (z-z_n)} - B_n e^{jk_n \cos\theta_n (z-z_n)} \} \tag{4.21}$$

$$\eta_n = \sqrt{\frac{\mu_n}{\varepsilon_n}} \frac{1}{\cos\theta_n} \tag{4.22}$$

上式で A_n，B_n は n 層内で正負の方向に進む電磁波の振幅を表し，z 軸方向の分布を考えるため，波数 k_n の z 軸方向成分 $k_n \cos\theta_n$ を用いている．また，η_n は z 軸方向にみた波動インピーダンスとして定義している．

$z = z_n$ での電磁界の各成分を E_{xn}，E_{yn} とすると以下の関係式が得られる．

$$E_{xn} = A_n + B_n \tag{4.23}$$

$$H_{yn} = \frac{1}{\eta_n}(A_n - B_n) \tag{4.24}$$

上式を A_n, B_n に対して解くと

$$A_n = \frac{1}{2}(E_{xn} + \eta_n H_{yn}) \tag{4.25}$$

$$B_n = \frac{1}{2}(E_{xn} - \eta_n H_{yn}) \tag{4.26}$$

E_{xn}, H_{yn} によって表された A_n, B_n を式 (4.20), (4.21) に代入し, $z = z_{n+1}$ での電磁界の各成分を E_{xn+1}, H_{yn+1} とすれば以下の式が得られる.

$$E_{xn+1} = E_{xn} \cos k_{nz} - jH_{yn}\eta_n \sin k_{nz} \tag{4.27}$$

$$H_{yn+1} = \frac{-j}{\eta_n} E_{xn} \sin k_{nz} + H_{yn} \cos k_{nx} \tag{4.28}$$

$$k_{nz} = k_n \cos \theta_n (z_{n+1} - z_n) \tag{4.29}$$

上式を行列を用いて表現すると

$$\boldsymbol{f}_{n+1} = \boldsymbol{k}_n \boldsymbol{f}_n \tag{4.30}$$

$$\boldsymbol{k}_n = \begin{pmatrix} \cos k_{nz} & -j\eta_n \sin k_{nz} \\ -\dfrac{j}{\eta_n} \sin k_{nz} & \cos k_{nz} \end{pmatrix}, \quad \boldsymbol{f}_n = \begin{pmatrix} E_{xn} \\ H_{yn} \end{pmatrix} \tag{4.31}$$

したがって多層分割モデルに入射する電磁界を $\boldsymbol{f}_0$ とすれば, 任意の層での電磁界は次式のように行列演算で求められる.

$$\boldsymbol{f}_n = \boldsymbol{k}_n \boldsymbol{k}_{n-1} \boldsymbol{k}_{n-2} \cdots \cdots \boldsymbol{k}_0 \boldsymbol{f}_0 \tag{4.32}$$

図 4.8 の多層分割モデルは対流圏を局所的にモデル化するときには有効であるが, 長距離におよぶ伝搬問題を扱うときには地球が球形であることを考慮する必要がある.

地球の球面を考慮した多層分割モデルを図 4.9 に示す. 第 0 層と第 1 層間にスネルの法則を適用すれば次式が得られる.

$$k_0 \sin i_0' = k_1 \sin i_1 \tag{4.33}$$

ここで, 各層は十分薄いものとし地球を球形とみなせば, 地球の中心 O から

4.3 対流圏伝搬

地表までの距離 R_0 と第1層までの距離 R_1 でつくられる三角形において，正弦の法則から次の関係式が求められる．

$$\frac{R_0}{\sin i_0'} = \frac{R_1}{\sin(\pi - i_0)} \tag{4.34}$$

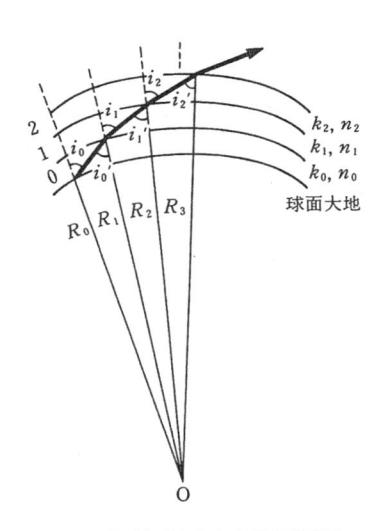

図4.9 球面を考慮した多層分割光路

上式を用いて第0層から第1層への入射角 i_0' を消去すればスネルの法則は，各層の曲面の半径が含まれた式として書き改められる．

$$k_0 R_0 \sin i_0 = k_1 R_1 \sin i_1 \tag{4.35}$$

また，各層の屈折率を n_i とすれば，各層の波数 k_i は自由空間の波数 k_0 を用いて次のように表せる．

$$k_i = n_i k_0 \tag{4.36}$$

この屈折率を用いて式 (4.35) は，各層間の電磁波の光路が半径とのなす角 i_n について曲面を考慮したスネルの法則として表される．

$$n_n R_n \sin i_n = n_{n+1} R_{n+1} \sin i_{n+1} \tag{4.37}$$

4.3.2 修正屈折率と地球等価半径

対流圏内の屈折率 n は,気圧 p 〔mb〕,絶対温度 T 〔K〕,および水蒸気の分圧 e 〔mb〕の関数として次のように表される.

$$n = 1 + 77.6\left(\frac{p}{T} + \frac{4810}{T^2}e\right) \times 10^{-6} \tag{4.38}$$

上式のパラメータは主に地表面からの高さ h に依存するため,n は h の関数 $n(h)$ と表せる.しかし,この屈折率はほとんど1に近いので,$n(h)$ と1との差を屈折指数 $N(h)$ として定義する.

$$N(h) = (n(h) - 1) \times 10^6 \tag{4.39}$$

屈折率が地表面からの高さの関数として表されるとき,曲面を考慮したスネルの法則は地球の半径を R_0 として式 (4.37) から次のようになる.

$$n_0 R_0 \sin i_0 = n(h)(R_0 + h)\sin i_h \tag{4.40}$$

ここで,n_0 は地表面での屈折率で,i_0, i_h は地表面および地表面からの高さ h のところで光路と地球の半径方向とのなす角度である.上式を地球の半径 R_0 で割り,$\sin i_h$ の係数を改めて修正屈折率 $n'(h)$ とおく.

$$n_0 \sin i_0 = n(h)\left(1 + \frac{h}{R_0}\right)\sin i_h = n'(h)\sin i_h \tag{4.41}$$

ここで,$n'(h)$ と1との差を修正屈折指数 $M(h)$ と定義する.

$$M(h) = \{n'(h) - 1\} \times 10^6 \tag{4.42}$$

修正屈折率は $n'(h) \simeq 1$,$h \ll R_0$ の条件のもとでは次のように近似することができる.

$$n'(h) \simeq n_0\left(\frac{h}{KR_0} + 1\right) \tag{4.43}$$

ここで,K は地球の等価半径と呼ばれ,標準大気では $4/3$ の値をとる.地表面での屈折率を $n_0 = 1$ とし,上式を式 (4.41) に代入すれば次式が得られる.

$$(KR_0)\sin i_0 = (KR_0 + h)\sin i_h \tag{4.44}$$

これは球面状のスネルの法則を表しているが,屈折率の項が含まれていない.

4.3 対流圏伝搬

したがって，光線の軌跡を考えるとき，屈折率が地表面からの高さに依存しないため，伝搬路が直線になることを示している．

修正屈折率と地球等価半径の考え方を明らかにするため，大気中での伝搬モデルを図4.10に示す．実際の大気中での伝搬は屈折率が高さ方向に対して緩やかに減少するため，伝搬路の軌跡は地球の半径の曲率よりも小さな値をとって地表面に沿う形となる．地球等価半径を用いたモデルでは，地球半径をK倍した地表面上で屈折率が高さに依存せず一定になるため，伝搬経路は直線となる．修正屈折率は，実際の大気とは異なり屈折率が高さ方向に緩やかに増加するため，伝搬路の軌跡は実際の大気の軌跡と逆の形となる．修正屈折率と地球等価半径モデルを比較すると，送受信点間の見通し距離や，伝搬損失などを計算する上では伝搬経路を直線として扱える地球等価半径モデルが実用上便利である．しかし，対流圏内での伝搬の様子は，地球の曲面を考慮した修正屈折率を用いたほうが理解しやすい．

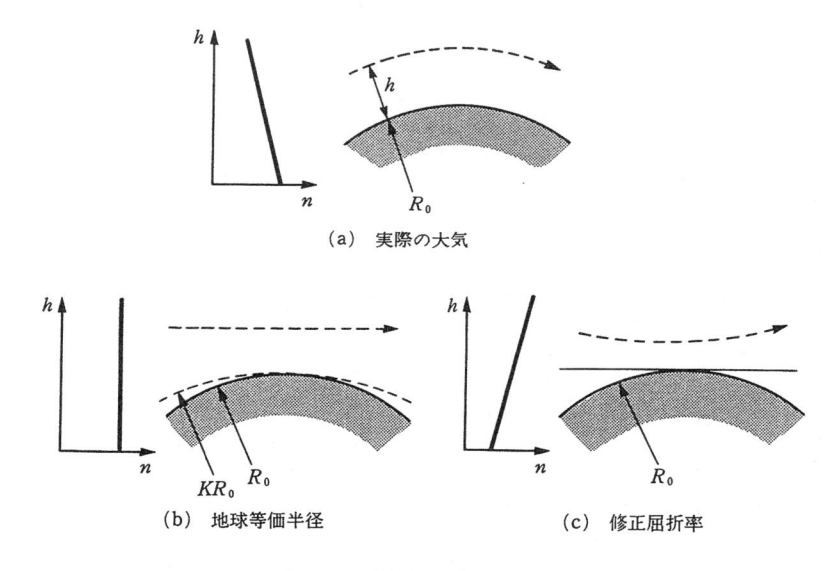

(a) 実際の大気

(b) 地球等価半径

(c) 修正屈折率

図4.10 大気中での伝搬モデル

4.3.4 ダクト伝搬

　大気中での拡散が十分に行われているときは標準大気と呼ばれ，その屈折率の高さ方向の依存は単調な関数となる．このときの修正屈折指数 $M(h)$ を示した図 4.11 を標準型 M 曲線という．しかし，海岸付近で海風や陸風の影響で，標準大気に比べて地表面近傍に上層大気より温度や湿度の低くなる逆転現象を生じることがある．このときの M 曲線で，図 4.12 に示すような逆転層の部分はダクトと呼ばれる．修正屈折率分布の傾きが標準 M 曲線に対して反転した部分が地表面から生じている部分を接地型ダクトという．また，高気圧があるところでは乾燥した下降気流が生じ，海面などの湿度の高い部分で湿度の逆転層を形成することがある．このときの M 曲線は S 型ダクトとも呼ばれる．これに対して上昇気流が生じる低気圧では大気がよく拡散されるためダクトは形

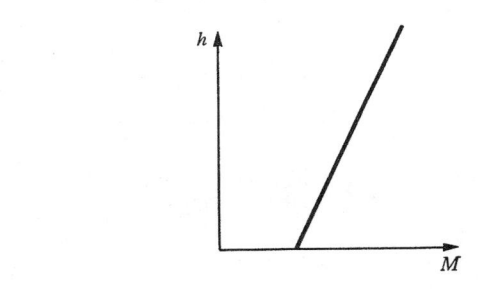

図 4.11　標準型 M 曲線

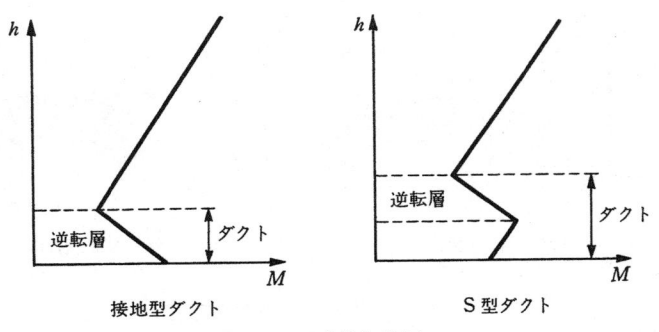

図 4.12　M 曲線とダクト

成しにくい.

ダクトが形成されているところでは送信点からの放射角度によっては,図4.13に示すように,電磁波はダクト内で屈折,反射を繰り返しながら極めて遠方まで伝搬することが可能となる.このように電磁波がダクト内に閉じこめられている部分をラジオダクトという.ダクト伝搬は1940年代にレーダ(rader)で非常に遠くの目標物を観測したことから発見された.ダクトとは導管の意味で,管壁との反射を繰り返しながら伝搬する導波管と類似している.

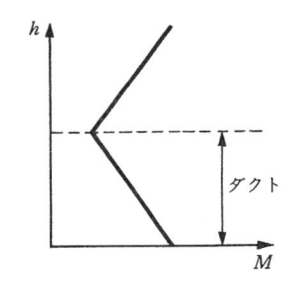

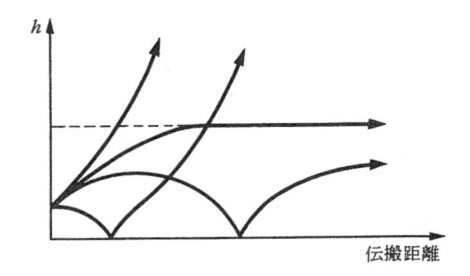

図4.13 ダクト伝搬

4.3.5 大気中での減衰

10 GHz以下の周波数領域では大気を誘電体とみなして伝搬問題を扱えるため屈折率分布に着目すればよい.しかし,10 GHz以上の周波数では,大気中に存在する酸素と水蒸気の分子による共鳴現象が伝搬損失に大きな影響を及ぼす.分子の共鳴周波数に電磁波の周波数が一致すると,電磁波のエネルギーは分子の共鳴吸収によって失われ伝搬損失を生じる.図4.14に酸素と水蒸気分子による大気の伝搬損失を示す.水蒸気は22 GHzと180 GHz,酸素は60 GHzと120 GHzで共鳴吸収を起こし,大きな伝搬損失の原因となる.

大気中での伝搬損失の他の原因として,降雨時の水滴によって電磁波が散乱を受ける.波長に比べて十分小さな雨滴による散乱の強度は,レイリー(Rayleigh)散乱と呼ばれ,周波数の4乗に比例し,雨滴の体積の2乗に比例する.降雨強度の単位としては,1時間当たりの降水量に換算した〔mm/h〕が用いられる.降雨強度による伝搬損失の理論値を図4.15に示す.通常の降雨であ

る 5 [mm/h] では 10 GHz 以下の損失は無視できる程度の値である．また，雨滴は水平方向に偏平な形として落下するため，伝搬する電磁波の偏波によって伝搬損失が異なってくる．

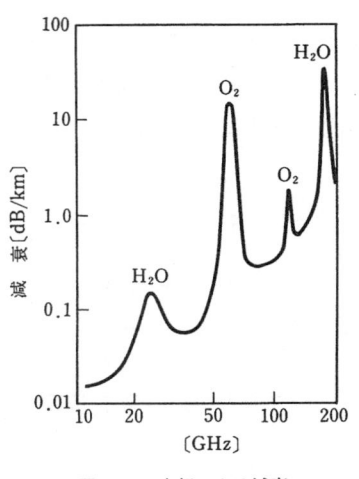

図 4.14 大気による減衰

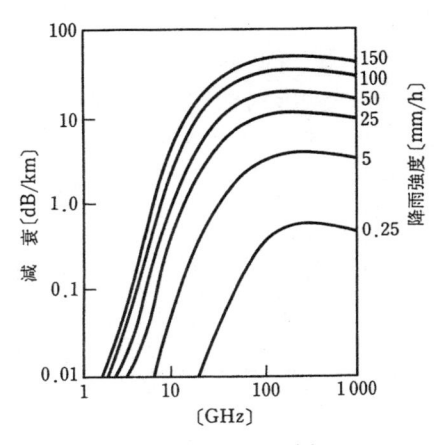

図 4.15 降雨による減衰

4.4 電離層伝搬

4.4.1 電離層の屈折率

対流圏の上空にも希薄な大気が存在し，地表面から 50 km から数千 km にわたって地球の回りをとり巻いている．この大気中の分子や原子は太陽からの紫外線や放射線によって電離し，さらに衝突して再結合を繰り返しながら高度に応じて一定の密度を保ちながら分布している．電離気体の中で電磁波の伝搬に最も大きな影響を及ぼすのは，層状に集中して分布している電子である．ここで，電子がその分布密度によって，電離層を伝搬する電磁波，すなわち電離層伝搬波にどのような影響を及ぼすかを調べるため，電子密度から屈折率を算出する．

空間中の変位電流 J_d は，伝搬している電磁波の電界の振幅を E とすれば時

4.4 電離層伝搬

間因子 $e^{j\omega t}$ もあわせて表示すると次式で表される.

$$J_d = j\omega\varepsilon_0 E e^{j\omega t} \qquad (4.45)$$

電子の質量を m, その電荷を e とすれば, 電界 E によって電子は加速され, その速度を v として次の運動方程式が成り立つ.

$$m\frac{dv}{dt} = eEe^{j\omega t} \qquad (4.46)$$

電子の初速度を零として, この速度 v の時間 t に関する微分方程式が解ける.

$$v = \frac{e}{j\omega m} E e^{j\omega t} \qquad (4.47)$$

速度 v で電子が移動するため, 電子密度を N とすれば対流電流 J_c が流れることになり, 上式を用いて次のように表せる.

$$J_c = Nev = -j\frac{Ne^2}{\omega m} E e^{j\omega t} \qquad (4.48)$$

したがって, 電子で構成される電離気体中に電磁波が伝搬するときは, 変位電流と対流電流の和が全電流 J_i として気体中に存在する.

$$J_i = J_d + J_c = j\omega\varepsilon_0 \left(1 - \frac{Ne^2}{\omega^2\varepsilon_0 m}\right) E e^{j\omega t} \qquad (4.49)$$

上式と式 (4.45) を比較することから, 電離気体の比誘電率が次のように定義できる.

$$\varepsilon_i = 1 - \frac{Ne^2}{\omega^2\varepsilon_0 m} \qquad (4.50)$$

大気内の伝搬を扱うときには, 大気の屈折率分布が問題となるので比誘電率から, $m = 9.109 \times 10^{-31}$ [kg], $e = 1.602 \times 10^{-19}$ [c] を用いて屈折率を求める. ただし, 周波数 f は [Hz] の単位である.

$$n_i = \sqrt{1 - \frac{Ne^2}{\omega^2\varepsilon_0 m}} \simeq \sqrt{1 - 81\frac{N}{f^2}} \qquad (4.51)$$

ここでプラズマ (plasma) 周波数 f_N を定義して, 上式は以下のように書き改められる. (81 の単位は M^3/T^2)

$$f_N = \sqrt{81N} \tag{4.52}$$

$$n_i = \sqrt{1 - \left(\frac{f_N}{f}\right)^2} \tag{4.53}$$

電磁波を電離層に向けて垂直に伝搬させたときを考えると，電磁波の周波数がプラズマ周波数に一致して $f = f_n$ となるとき，電離層の屈折率は零となる．屈折率と波数は式 (4.36) のように比例関係にあるため，屈折率が零となると波数，すなわち電磁波の伝搬方向の伝搬定数が零となり伝搬できなくなり，そこで反射される．プラズマ周波数は電離層の電子密度の関数であるから，電離層内を電磁波が伝搬するとき式 (4.53) が 0 となるような条件，具体的には地表面からのある高さで反射されることになる．

4.4.2 みかけの高さ

電離層の高さを測定するときには図 4.16 のように，地表面から電磁波を垂直に打ち上げて地表面に帰ってくるまでの時間を測定すればよい．このような手法に基づき，ケネリー・ヘビサイド (Kennelly-Heaviside) によって予言された電離層の存在を測定によって確認したのはアップルトン (Appleton) である．しかし，電離層内での電子密度は高さ方向に勾配をもって分布しているため，電離層内に進入した電磁波の伝搬定数は徐々に小さくなり屈折率が零となった点で反射する．地表面から打ち上げた電磁波の測定から得られるみかけの高さ h' は，実際の反射点の高さ h よりも高くなる．打ち上げた電磁波のパルスが地表面に戻ってくるまでの時間を t とすれば h' は次式で与えられる．

$$h' = \frac{1}{2} c t \tag{4.54}$$

この計算では高さ h' のところに屈折率が零の電離層が存在するものと仮定して計算したため，実際の反射点よりも高くなる．屈折率が高度に応じて変化するとき電磁波の位相速度は屈折率 n_i から光速を c として次式となる．

$$v_g = c n_i \tag{4.55}$$

4.4 電離層伝搬

n_i は高度の関数であるため電離層から電磁波が戻ってくるまでの時間 t は，電離層が高度 h_0 から存在するものとして次のように計算される．

$$t = \frac{2}{c} \left(h_0 + \int_{h_0}^{h} \frac{1}{n_i(h)} dh \right) \tag{4.56}$$

上式と式 (4.54) から，実際の反射点の高さと見かけの高さの関係が求められる．

$$h' = h_0 + \int_{h_0}^{h} \frac{dh}{n_i(h)} \tag{4.57}$$

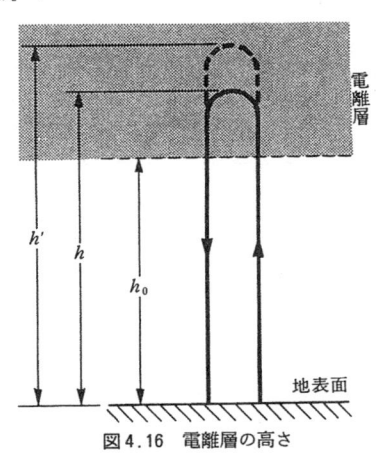

図 4.16 電離層の高さ

4.4.3 正割法則

次に電離層に対して入射角 i_0 で電磁波が入射する図 4.17 に示す斜入射の場合を考える．スネルの法則から電離層内での電磁波の入射角を i とすれば次式が得られる．

$$\sin i_0 = n_i \sin i \tag{4.58}$$

斜めに入射した電磁波が反射される点では $i = \pi/2$ となるので，n_i はプラズマ周波数を用いて書き改められる．

$$\sin i_0 = \sqrt{1 - \left(\frac{f_N}{f}\right)^2} \tag{4.59}$$

ここで，垂直入射した電磁波が反射される条件は $n_i = 0$ であるから，その周波数 $f_\perp$ を臨界周波数と呼び，プラズマ周波数 f_N と等しくなる．上式の f_N を $f_\perp$ で置き換えれば次式が得られる．

$$\sin i_0 = \sqrt{1 - \left(\frac{f_\perp}{f_i}\right)^2} \tag{4.60}$$

以上より斜め入射した電磁波が反射される周波数 f_i の条件が求められる．

$$f_i = f_\perp \sec i_0 \tag{4.61}$$

この $f_\perp$ と f_i の関係式を正割法則という．

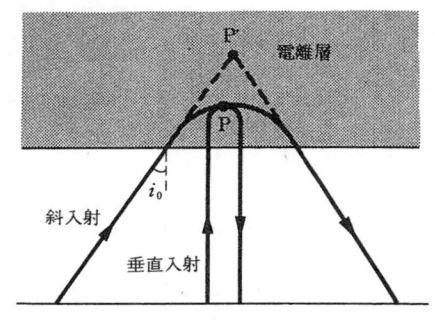

図 4.17 斜入射と正割法則

電離層内に斜め入射した電磁波は，徐々に曲げられて反射点 P で反射される．これに対して，入射および反射波の電離層への入射，出射角の延長線による交点 P′ を見かけの反射点として伝搬してくる電磁波の伝搬時間は，実際の反射点 P を通って伝搬する電磁波の伝搬時間に等しくなる．これをブライト・チューブ (Breit, Tuve) の定理という．

4.4.4 電離層の種類と電離層伝搬波

電離層は対流圏の上空に連続的に存在するが，電子密度が高くなっている領域が部分的に層状となっている．図 4.18 のように，地表面に最も近いところでは高度 70〜80 km に D 層と呼ばれる層があり，その上空 100 km 付近に E 層が，さらに 200〜400 km に F 層が存在する．太陽からの照射を受ける昼間はすべての層が存在し，F 層は F_1 層，F_2 層の二つに分離している．しかし，

4.4 電離層伝搬

夜間になると太陽からの放射量が減少し，高度の低い D 層は消滅して E 層も減少するが，F 層は昼間の二つの層が一体化して存在する．また，夏期になると E 層と同じ高度に断片的にスポラディック（sporadic）E 層と呼ばれる層が発生することがある．

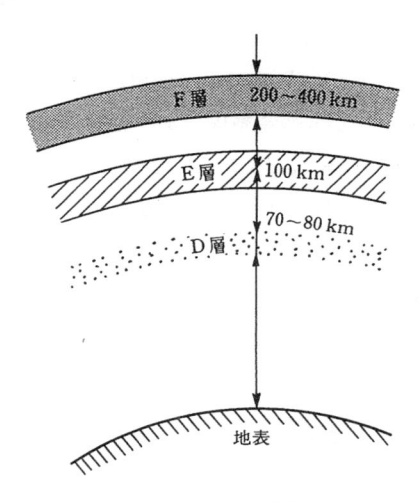

図 4.18　電離層

　VLF 帯の電磁波はその波長が D 層の高度程度になるため，大地と D 層を境界とした一種の導波管内での伝搬のようになり遠距離通信が可能となる．VLF，LF 帯では地表波の減衰が小さいため，地表波が到達している地域での電離層の影響は受けにくい．

　MF 帯は昼間 D 層内で強い減衰を受けるため，ラジオ放送のような地表波による近距離通信が主体である．しかし，夜間に D 層が消滅すると E 層で反射されるため遠距離まで到達し，地表波との干渉を引き起こす．夜間に外国の中波放送が聞こえる理由はこのためである．

　HF 帯は D 層での減衰が小さく，電離層への入射角度や周波数によって E 層や F 層で反射される．F 層で反射される場合では極めて遠距離まで伝搬可能となる．電離層の状況に応じて周波数を使い分ければ海外との通信も可能で，衛星通信や海底ケーブルが整備されるまでは遠距離通信の主役であった．

VHF 帯以上の周波数は電離層を突き抜けるため電離層による伝搬は生じないが，スポラディック E 層が出現すると数十～数百 MHz の電磁波を反射するため，テレビなどの混信の原因ともなる．

　HF 帯の通信で送受信位置を固定して考えるとき，特定の時期，および時間で電離層伝搬波が使用できる最高の周波数を，最高利用可能周波数（MUF, maximum usable frequency），また最低の周波数を最低利用可能周波数（LUF, lowest usable freqency)という．電離層伝搬波を通信に用いるときには MUF と LUF の間の周波数を使用すればよいが，通常，最適な通信周波数は MUF の 85 % の周波数とされており，これを最適使用周波数（FOT, freqency of oputimum traffic）と呼ぶ．

4.4.5 電離層の変動

　電離層は昼夜の太陽光線の量によって時間的な変動をするが，太陽活動の突発的な変化によっても大きな影響を受ける．太陽フレア（flare）と呼ばれる太陽表面での爆発は，太陽からの放射線の量を突発的に増加させ，地球の電離層に対しては E 層または D 層の電子密度を異常に増加させる．これによって，HF 帯の電磁波は大きな吸収を受け，10 分から数十分の間電離層伝搬波を用いた通信が不可能となり，デリンジャ（Dellinger）現象と呼ばれている．

　太陽フレアから放射された荷電粒子が地球に到達すると，地球磁界に一部が捕捉されて極付近に集まって異常な電流が流れ，地球の磁界に擾乱を与える．この擾乱の激しいものを磁気嵐といい，高緯度地域での HF 帯の伝搬に大きな影響を与える．この荷電粒子は極地方でのオーロラ（aurora）の発生の原因ともなっている．

　太陽活動の目安となるのは，太陽表面で発生する黒点の数である．黒点の数が上昇するときには太陽活動は活発になり電離層にも大きな影響を与える．黒点の数の変動の周期は約 11 年とされており，1991 年，2002 年が黒点数の極大期と予想されている．

　地球上には 1 日に数十億個，微小なちりのようなものを含めると 1 兆個にも

のぼる流星が降り注いでいる．これらの流星の破片が大気中を高速で通過するときに大気を電離させ，高度 80～120 km 付近にイオンの尾をつくる．これを流星バースト（burst）といい，電離層と同じように電磁波を反射するため，見通し外通信に利用できる．ただし，その発生頻度が不確定であるため，電話回線のような通信回線には不向きである．

4.5 多重波伝搬

4.5.1 フェージング

電磁波の伝搬では，その経路は必ずしも一つではなく複数の経路が存在する．送信点から放射された電磁波が複数の経路を伝搬して受信点に到達しているとき，これを多重波伝搬と呼ぶ．多重波伝搬においては，伝搬している対流圏や電離層の媒質が時間的に変動するため，受信点での電界の振幅と位相も変動し，この現象をフェージング（fading）という．フェージングはその発生原因によって以下のように分類される．

（1） 干渉性フェージング

伝搬経路が二つ以上あるとき，それらの波が受信点で合成されると，到来波間の位相差によって合成電界の強さが変動するものを干渉性フェージングという．特に，振幅が同程度の波が合成されるとき影響が大きい．マイクロ波での見通し内通信等では，大気の屈折率分布が気象条件によって時間的に変化するが，対流圏伝搬で扱ったように，この変動は地球等価半径 K の変化として現れる．見通し内通信で K が変動すると直接波と大地反射波の干渉が変化するため，受信点での電界強度が変化する．このように地球等価半径 K の変動に起因するフェージングを K 型フェージングという．直接波の他にダクト内を伝搬する波があるときにも干渉性のフェージングを生じ，ダクト型フェージングと呼ばれる．

また，屈折率の異なる部分で散乱された波によって数秒間隔程度の短い周期

で引き起こされるフェージングを，シンチレーション（scintillation）フェージングというが，その変動は数 dB 程度であり通信への影響は少ない．

地表波または直接波とともに，電離層伝搬波を受信している場合には，電離層の時間変化によってもフェージングを生じ近距離フェージングとも呼ばれる．

（2） 回折フェージング

ナイフエッジのような山岳等の回折波領域では，屈折率変動に伴う K の変化等によって回折係数が時間的に変動することがある．この回折係数の変動によるフェージングは回折波 1 波によるフェージングであり，複数波の合成に生じる干渉性フェージングとは異なる．

（3） 吸収型フェージング

10 GHz 以上の周波数帯では，伝搬路内の雨，雪，雲，霧等によって水蒸気による吸収が生じ，電界強度が変動するため吸収性フェージングという．時間的にゆっくりと電界強度が減少していくような場合は，減少性フェージングとも呼ばれ，ダクト内伝搬においても引き起こされる．

（4） 偏波性フェージング

電離層伝搬波は地球磁界の影響を受けるため偏波面が回転し，垂直，水平の両偏波成分を持つようになる．このように偏波面が回転すれば，受信点でのアンテナの偏波面と一致しなくなるため受信電界強度が減少し偏波性フェージングを生じる．

（5） 跳躍フェージング

電離層伝搬波で見通し外通信を行うとき，電子密度の変動により電離層が電磁波を反射しなくなり，電磁波が電離層を突き抜けてしまうことがある．見通し外通信であるため，電離層からの反射波がない場合受信点での受信は不可能となり，受信電界強度が激しく変動する．このようなフェージングを跳躍フェージングという．

以上のフェージングの中で，電離層に起因するものは電離層伝搬波の振舞いが周波数に依存するため，通信に用いる周波数を代えることによってフェージ

ングの度合いが異なってくる．このように周波数に依存するフェージングを周波数選択性フェージングと呼ぶ．これに対して，異なる周波数に対してフェージングが同じように生じるものを同期性フェージングと呼び，ダクト型の減衰フェージングなどがある．

4.6 ダイバーシチ受信

4.6.1 ダイバーシチの方式

フェージングを防止，または抑制するために，互いに相関の小さな二つ以上の受信系統で受信し，それらの信号を適宜切り替えて安定な受信を得るものをダイバーシチ（diversity）受信という．ダイバーシチ受信の代表的なものには，空間ダイバーシチ，周波数ダイバーシチ，偏波ダイバーシチ，指向性ダイバーシチがある．

図4.19に示すように，互いに逆方向に進んできた二つの干渉波の位相が π だけずれているとき，受信点付近には定在波が生じる．定在波は $\lambda/2$ を周期として分布するため，受信点で $\lambda/4$ の間隔を置いてアンテナA，Bを配置すれば，定在波分布が移動してもいずれかのアンテナで必ず受信できる．実際には2波以上の干渉となると電界強度の分布は複雑となるため，空間ダイバーシチでは空間的に十分離れた位置に複数のアンテナを配置することが多い．

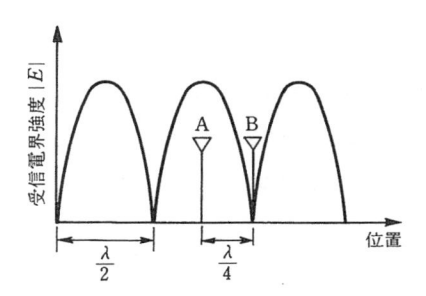

図4.19 空間ダイバーシチ

多重波の到来角が異なるようなときには空間ダイバーシチが効果を示すが，

到来方向がほぼ同じで異なる伝搬路から伝搬するようなときには，周波数に対する依存性があるため，異なる周波数で通信を行う周波数ダイバーシチが有効である．HF帯での電離層伝搬波を使用する通信では周波数ダイバーシチがよく使用され，海外向けのラジオ放送が複数の送信周波数をもつ理由である．

電離層伝搬波で偏波性フェージングを生じたり，マイクロ波帯で建物などの反射で偏波面が回転しているときには，直交する二つの偏波を受信する偏波ダイバーシチが有効である．

電離層からの反射波は伝搬経路によって受信点に到来する角度が異なるため，受信アンテナの指向性を利用して異なる伝搬経路の波を受信する角度ダイバーシチ，または指向性ダイバーシチが利用できる．マイクロ波帯での周波数の高い領域では多重波の数が限られてくるため，指向性ダイバーシチ受信を行うとフェージングを消滅させることも可能である．

4.6.2 レイリー分布

多重波による干渉性フェージングを扱うとき，受信電界の振幅と位相が不規則に変動する場合を確率的に表すものとしてレイリー分布がある．レイリー分布は，多重波間の伝搬路の差が波長に比べて十分に大きいときに有効である．多数の到来波が互いに無相関で受信されるとき，合成電界 E の強度の確率分布 $p(E)$ は，σ を分散としたレイリー分布として次式で表される．

$$p(E) = \frac{E}{\sigma^2} e^{-E^2/2\sigma^2} \tag{4.62}$$

レイリー分布は図4.20に示すような分布である．フェージングを評価するときには，受信電界強度が E_d 以上になる確率がどれぐらいになるかが重要であり，累積分布 $P(E_d)$ として求める．

$$P(E_d) = \int_{E_d}^{\infty} p(E) \, dE = e^{-E_d^2/2\sigma^2} \tag{4.63}$$

図4.21は累積分布を示すグラフであるが，レイリー分布が直線となるようにしたものでレイリー確率紙ともいう．横軸の変数 x に対してグラフより得られ

4.7 雑　音

る確率 y ％は，受信電界強度が x 以上になる確率が y ％であることを意味している．$y = 50$ ％になる x を中央値 E_0 と呼び，受信電界強度の評価量としてよく用いられる．これは，受信系に非直線ひずみがある場合，平均値または平均電力を求めるためには非直線性を補正してから平均する必要があるのに対して，区間中央値の測定ではこの補正を必要としないからである．

図 4.20　レイリー分布

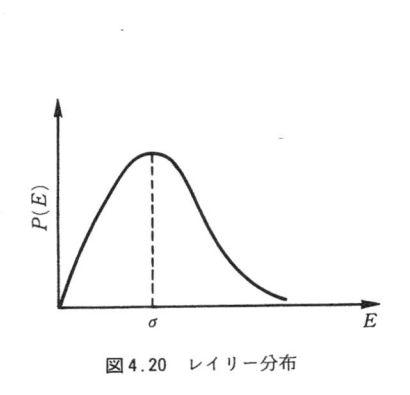

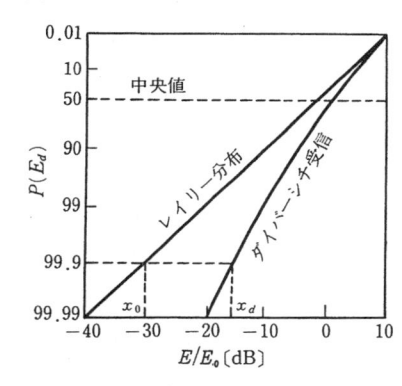

図 4.21　累積確率分布

ダイバーシチ受信を行ったとき，受信電界の累積分布はレイリー分布に対して右側に寄った形となる．累積確率 y_0 となる受信電界強度がダイバーシチ受信を行わないとき x_0 であるとすると，ダイバーシチ受信後の電界強度を x_d として $x_d - x_0$ を，y ％値でのダイバーシチ利得という．ダイバーシチ受信では受信電界強度が落ち込んだとき，どれだけその利得を上げられるのかが重要な評価量である．

4.7　雑　　音

電波伝搬においては障害物による電波の反射，屈折，また，伝搬経路の異なる複数の到来波の干渉によってフェージングが発生し，電波障害を引き起こすことは前節までに説明した．このような電波障害によって目的とする到来波の信号強度が周辺または無線機器の発生する雑音レベルより小さくなったときに

通信途絶を生じる．ここでは，この雑音についてその発生原因と種類について述べる．

雑音は大別して無線機器の内部で発生する内部雑音と，それ以外の自然現象によるものと人工のものの外部雑音がある．

空電と呼ばれる雷の放電による雑音は，短波帯以下の周波数で大きな影響を及ぼす．20 MHz 以下の周波数での外部雑音は空電によるものが主で，周波数に反比例して減少する．太陽以外の恒星から発生する雑音を宇宙雑音と呼び，銀河の中心方向で強くなるので銀河雑音とも呼ばれる．宇宙雑音は 20 MHz ～ 1 GHz で周波数の 2 乗に反比例して分布し，この周波数帯で最も問題となる．また，他の銀河の恒星と同様に太陽も雑音を発生する．

次に受信機内での雑音の発生機構の最も基本的なものは，入力抵抗による熱雑音である．抵抗の温度が上昇すると，内部の自由電子が不規則に動き回るブラウン運動を生じ，それによる電流のゆらぎが雑音の原因となる．純抵抗 R〔Ω〕の絶対温度が T〔K〕であるとき，抵抗の発生する雑音電圧 V_n は，帯域幅 B〔Hz〕の測定器を用いて測定したとき，ボルツマン定数を k として次の 2 乗平均値で与えられる．

$$\overline{V_n}^2 = 4kTRB \tag{4.64}$$

したがって，雑音電圧を起電力とする抵抗は図 4.22 の等価回路で表されるため，温度 T〔k〕の抵抗が外部へ供給する雑音有能電力は次式となる．

$$P_n = \frac{\overline{V_n}^2}{4R} = kTB \tag{4.65}$$

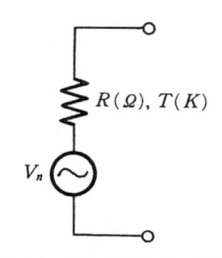

図 4.22　抵抗の発生する雑音

入力抵抗が発生する雑音のほか，増幅器内部で発生する雑音も存在するが，これをもその入力端に換算して加えることにすると，増幅器内では雑音は発生せず，便宜的にその入力端に温度 T_e の雑音抵抗源があるものとして扱うことができる．このときの温度 T_e を等価雑音温度と呼び，増幅器の利得を G，帯域幅を B としたとき，増幅器の雑音出力 N_0 は次式で与えられる．

$$N_0 = GkT_eB \tag{4.66}$$

この等価雑音温度を用いて受信機の入力部にすべての雑音源を換算できるため，アンテナや給電線路で発生する雑音も受信機入力端に等価雑音温度として換算し，受信系全体の雑音を評価することができる．

演習問題

4.1 周波数 200 MHz，送信アンテナの動作利得 10 dB，放射電力が 1 kW であるとき，送信点から 10 km 離れた地点での電界強度はいくらか．ただし，到来波は直接波のみとする．

4.2 地上からの高さが 250 m の送信アンテナから 100 MHz の電波が発射されているとき，20 km 離れた地点での受信強度が最大となるアンテナ高を求めよ．

4.3 K 型フェージングとダクト型フェージングについて説明せよ．

4.4 大気中での電磁波の減衰する要因について説明せよ．

4.5 ブライト・チューブの定理を証明せよ

4.6 電離層の臨界周波数が 10 MHz であるとき，700 km 離れた地点と通信をするときの MUF を求めよ．ただし電離層のみかけの高さを 300 km する．

4.7 太陽活動が電離層伝搬波に対して与える影響について具体例を上げて説明せよ．

4.8 MF 帯のラジオ放送が夜間になると遠方の局が聞こえる理由を説明せよ

4.9 干渉性フェージングが生じているときには空間ダイバーシチ方式が有効であることを説明せよ

4.10 ダイバーシチ利得について説明せよ

5

電波応用システム

前章までに電磁波の基本的な性質や法則を示し，電磁波の空間への放射，および空間中での電磁波の伝搬について調べてきた．本章では，これまでの基礎的な知識をもとに現在の産業活動に不可欠なものとなっている電波の利用について，いくつかの具体例をみていく．電波利用の最も重要なものは，情報を伝達する通信での利用であり，一対一の通信を目的とする陸上，衛星，移動体の各種通信システムと，一対多の同報通信である放送システムがある．また，電磁波をセンサとして利用する測位システムや，電磁波のエネルギーを利用するシステムについても説明する．

5.1 陸上通信回線

陸上での電磁波を用いた通信回線はマイクロ波回線とも呼ばれ，光ファイバなどによる有線通信の基幹回線とともに重要なシステムである．有線通信では中継局の他に通信回線の付設や保守といった線路を維持することが必要となるが，無線通信では中継局さえ整備すればよい．したがって，通信回線設備の保守には無線伝送の方が有利となる．

無線通信回線で伝送容量を増すためには，広い周波数帯域が必要となるため，周波数は高い方が望ましい．わが国で使用されている無線伝送システムに使用される周波数の，2, 4, 5, 6 GHz 帯では数千チャネルの伝送容量を持ち，50km

5.1 陸上通信回線

間隔で中継局を設置している．また，10 GHz 以上の周波数帯も数千チャネルの伝送容量をもち，11 GHz 帯では 20 ～ 30 km，15 GHz では 8 km の中継間隔でシステムが構築されている．前章で述べたように周波数が高くなるにつれて降雨時の伝送損失が大きくなるので中継距離を短くしなければならないが，ディジタル伝送技術や無線機器内のデバイスの改良によって 20 GHz 帯で 3 km 中継間隔の無線伝送も実現されている．

陸上通信回線での問題は，大気の状態の変動に伴う K 型フェージングやダクト型のフェージングの影響をいかに軽減するかである．陸上回線では二つの局が互いに見通し距離にあることが必要で，さらに障害物による反射，回折を防ぐため第 1 フレネルゾーン内に障害物が入らないような伝搬路を選ぶことが必要とされる．また，フェージングの起こりにくい伝搬路の設定なども見いだされているが，複数の伝搬経路から選択して状態のよいものを利用する空間ダイバーシチ方式が，フェージング軽減のための重要な技術として用いられている．

通信の具体例として電話回線を考えるとき，必要な音声の周波数帯域は 0.3 ～ 3.4 kHz とされている．人の会話などでは十分な帯域であるが，音楽などを高品質で聞きたいときには 15 kHz 程度までの帯域が必要である．音声のみを伝送するとすれば，この信号を無線伝送のできる高い周波数の搬送波に変調をかけて伝送する必要がある．変調方式として振幅変調（AM：amplitude modulation）を用いる場合の帯域は，搬送波の両側に上下側波帯が生じるため図 5.1 に示すように 1 チャネル当たりの帯域は約 7 kHz となる．ここで信号成分は上下側波帯の両方に含まれているため，二つの側波帯のうち一つを信号伝送用として用いる場合には，1 チャネル当たり約 3 kHz となる．これを SSB（single side band）方式という．

これに対して，周波数変調（FM：frequency modulation）方式を利用したときに，信号周波数を p として搬送波 f_0 を周波数変調すると f_0 の両側に変調指数 m の時図 5.2 のように周波数スペクトルが広がる．変調指数が十分に小さい時には，FM 波の周波数帯域は AM 波と同じ $2p$ となる．しかし，実用上

m があまりに小さければ FM の利点が得られないため,実用上の m の値では

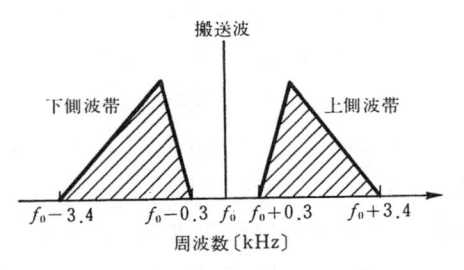

(a) AM 波の周波数スペクトラム

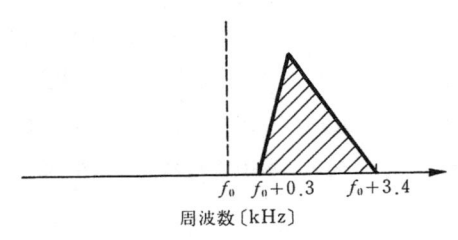

(b) SSB 波の周波数スペクトラム

図 5.1 AM と SSB の周波数帯域

周波数変調の周波数変位を Δf として,周波数帯域は $2(\Delta f + p)$ で近似的に計算できる.1 チャネル当たりの伝送に必要な帯域は 20 kHz 以上必要である

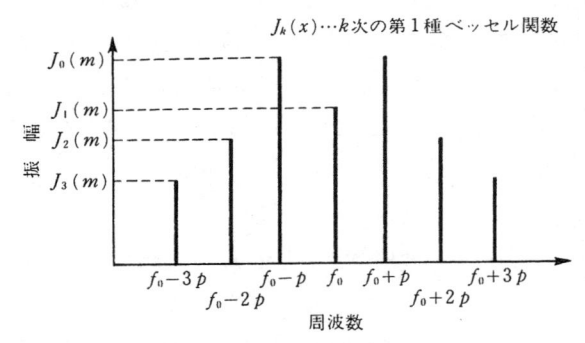

f_0 …搬送波周波数　　P …信号周波数

図 5.2 FM 波の周波数スペクトラム

が，複数のチャネルを多重化して伝送する多重伝送では，信号を多重化したことにより雑音に対する信号強度が相対的に増加するため，10 kHz程度の帯域で十分である．

AMでは搬送波の振幅に信号の情報を乗せるため，無線伝送においてフェージングを生じるとその影響を強く受ける．これを軽減するために自動利得調整（AGC：automatic gain control）などが利用される．これに対してFMでは周波数の時間変化を信号として伝送するため，フェージングによって受ける振幅の変動を振幅制限器によって軽減できるという利点がある．マイクロ波帯の無線伝送ではフェージング対策としてFMを変調方式として利用する場合が多いが，周波数利用効率のよいSSBを利用することもある．

FM方式の一種である位相変調（PM：phase modulation）では搬送波の位相を信号に応じて適宜切り替えるもので，主にディジタル信号の伝送に用いられる．代表的なものとしては，図5.3に示すような搬送波の位相を0，πの2値で切り替えるBPSK（binary phases shift keying）や，0, $\pi/2$, π, $3\pi/2$の四つの位相を利用するものにQPSK（quadri‐phase shift keying）が広く用いられている．ディジタル信号の伝送では，標本化定理に従えば音声帯域の最高周波数である4 kHzの2倍の周波数でサンプリング（sampling）すれば

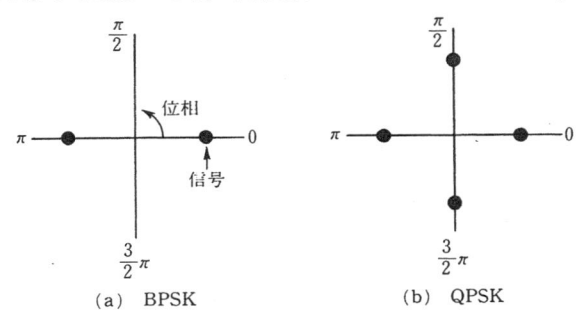

図5.3 BPSKとQPSKの位相図

よい．一つのサンプリング信号に対して8ビットを割り当てると64 kb/sの伝送速度をもち，SSB方式に比べて16倍の周波数帯域を必要とする．したがって，ディジタル伝送には周波数帯域を広く取れる高い周波数が用いられている．

5.2 衛星通信

陸上通信回線では中継器を塔に設置して地上に配置するが,中継器を宇宙空間において無線通信を行うのが衛星通信である.初期の衛星通信では,地球の回りを高度数百 km で飛行する周回衛星を利用したため,地上の局から衛星が見えるときしか中継ができないものであった.これに対して,赤道上空に衛星の周回速度と地球の自転速度が同じになるような条件で衛星を打ち上げると,地上から衛星をみると常に同じ位置に見えるため,常時衛星を利用して通信回線を設定できる.このような衛星を静止衛星と呼ぶ.軌道上に 3 個の静止衛星があれば,地球上の一部極地方を除けばどこからでも衛星を介した通信回線を設けることが可能となる.このような考え方は SF 作家であるアーサー・クラークによって 1945 年にすでに出されていたが,実現までには 20 年以上の年月が必要であった.

静止衛星の速度 v とその軌道の高度 h は,衛星の遠心力と衛星に働く地球の重力が釣り合う点での回転周期が地球の自転周期と等しくなればよい.衛星と地球の質量を m, M,地球の半径を R として重力定数を G とすれば次の関係式が得られる.

$$G\frac{mM}{(R+h)^2} = m\frac{v^2}{R+h} \tag{5.1}$$

上式より速度 v を求められる.

$$v = \sqrt{\frac{GM}{R+h}} \tag{5.2}$$

さらに,速度 v から衛星の回転周期 T は次式で計算される.

$$T = \frac{2\pi(R+h)}{v} \tag{5.3}$$

式 (5.2) と式 (5.3) から速度 v を消去して T が 24 時間となるような h を求めることができる.

5.2 衛星通信

静止衛星は図5.4のように高度約36 000 kmで秒速3.1 kmの速度で赤道上空を飛んでいる．地上から打ち上げられた衛星が静止衛星軌道に乗るためには，約1カ月程度の時間を必要とする．図5.5に示すように，衛星はまずロケットの1段目のエンジンにより高度数百kmのパーキング (parking) 軌道に打ち上げられた後，第2段目のエンジンに点火し，準静止衛星軌道に移動するためのトランスファ軌道へ移る．トランスファ (transfer) 軌道の遠地点に達するまでに1カ月程度必要とするが，その遠地点で衛星内にあるアポジモータ (apogee kick motor) と呼ばれる固体ロケットに点火して静止軌道にほぼ一致するドリフト (drift) 軌道へと移動する．地球重力の影響を最も大きく受け大気による抵抗もあるのが，打ち上げからパーキング軌道までの打ち上げ上昇軌道であり，この軌道を短くすることで衛星の打ち上げコストを少なくできる．したがって，赤道直下から静止衛星を打ち上げるのが望ましい．

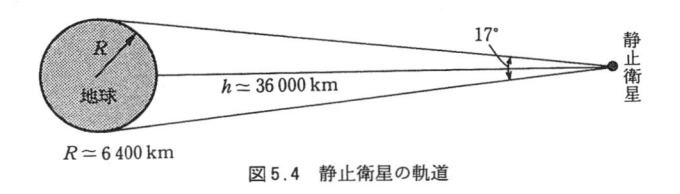

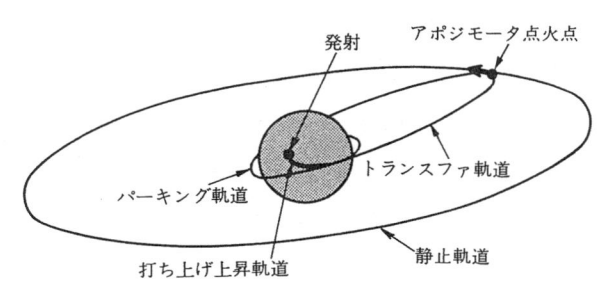

図5.4 静止衛星の軌道

図5.5 静止衛星の打ち上げ

静止衛星の寿命を決定する最大の要因はアポジモータの燃料である．静止衛星軌道は真円となり24時間で地球の回りを移動するが，地球自体が完全な球ではないので静止衛星の回転速度と地球の自転の周期が完全に一致しない．こ

のため，静止衛星軌道上の衛星に対して制御を行わない場合，地上からみると衛星が徐々に流されて行くようにみえる．これを補正するため適宜アポジモータに点火して衛星が流されないように制御しなくてはならず，アポジモータの燃料が尽きれば静止衛星としての役割を果たさなくなる．

衛星通信は 1959 年に打ち上げられた低軌道の実験用スコア衛星に始まり，1962 年には米国とヨーロッパ間のテレビジョン中継をテルスター（Telstar）衛星によって行った．静止衛星は 1963 年に打ち上げられたシンコム衛星であり，東京オリンピックの中継に利用された．以後，静止衛星を利用した商業通信は 1964 年に米国を中心として設立されたインテルサット（INTELSAT：International Telecommunication Satellite Consortium）によって発展していった．

衛星を利用した通信では，地上局のアンテナは上空，すなわち宇宙空間を向いているため宇宙から到来する雑音が問題となる．この雑音は宇宙雑音，または銀河雑音と呼ばれる．宇宙雑音は 1 GHz 以下の周波数帯で問題となるため，衛星通信では 1 GHz 以上の周波数が主に用いられる．また，大気中の水蒸気による減衰は 10 GHz 以上で増加し始めるため，衛星を利用した通信には 1～10 GHz の電波の窓と呼ばれる周波数帯が用いられる．地上局が高緯度地域になると，大気中を伝搬する距離が長くなり大気中での減衰や，大気の乱れによるフェージングの発生等が問題となるため，地上局でのアンテナの仰角が 5 度以上で静止衛星を見ることのできる地域で静止衛星を利用した通信が行われる．

衛星通信に使用される周波数は，衛星から地上への回線周波数であるダウンリンク（downlink）と，地上から衛星への回線のアップリンク（uplink）に対して，船舶との通信を行う海事衛星通信の 1.5 / 1.6 GHz，インテルサットによる国際通信の 4 / 6 GHz，またこの他には 12 / 14 GHz，12 / 18 GHz，20 / 30 GHz である．異なる周波数を使用する理由は，衛星に搭載した中継器の送信および受信機間の干渉を減少させるためである．また，ダウンリンクに低い周波数を使用する理由は，衛星と地上間の距離が極めて大きく伝搬損失が大きくなるので衛星から送信される電波の損失を少なくするためである．アップリ

5.2 衛星通信

ンクに高い周波数を使用するのは,地上局の出力やアンテナの利得はかなり大きなものが実現できるからである.

衛星通信に用いられる偏波は,地上の固定局との間の通信では直線偏波が使用される.さらに,垂直偏波と水平偏波による偏波共用も可能である.これに対して,衛星と地球上での船舶や自動車といった移動する局との通信では円偏波が用いられる.これは,直線偏波を用いると移動局の移動や動揺に伴って偏波面を追尾する必要があるのに対して,円偏波ではこの必要がないためである.

海事衛星通信に用いられる 1.5/1.6 GHz 帯は周波数が低いため大気による減衰をほとんど受けない.しかし,船舶との通信として利用するときには海面で反射される電波の影響を強く受ける.特に,船舶は波によって動揺するため海面反射波を受けにくい指向性の鋭いアンテナや,海面反射によって偏波が変わることを利用して反射波の影響を除去する方法が用いられる.

衛星から送信されてくる微弱な電波を受信する地球局側のアンテナ系の評価をするための指標として,受信アンテナの利得 G と雑音温度 T の比,G/T がある.衛星局での送信電力とアンテナの利得を P_s,G_s とし,地上でのアンテナ利得を G_e,また衛星と地上間の伝搬損失を L_l,帯域幅 B_e の地上受信機の入力端での等価雑音温度を T_e とするときボルツマン定数を k として,衛星から送信された電波の地上局受信機入力端での搬送波受信電力 C と雑音電力 N の比は次式で与えられる.

$$\frac{C}{N} = P_s G_s L_l G_e \frac{1}{kT_e B_e} \qquad (5.4)$$

上式での等価雑音温度 T_e には,アンテナから受信機までの伝送線路の損失も含まれる.ここで,ケーブルなどの伝送損失も,受信アンテナの性能の一部として考えれば,受信アンテナの性能を表す指標として G_e/T_e を採用することができる.したがって,G_e/T_e の大きなアンテナ系ほど性能がよいことを示している.

5.3 移動体通信

　移動体通信は，陸上を移動する自動車や鉄道，または海上を移動する船舶に加えて航空機といった移動する乗り物などから通信を行うことをいう．移動する乗り物を利用する限り，通信のためのケーブルをつけて移動することは不可能であるから，無線による通信が必要となる．航空機や船舶との通信は業務上も不可欠であるためVLF～HF帯の周波数を用いて行われてきた．しかし，これらは業務用に限られており，陸上にある公衆電話のような利用法については制限があった．航空機のように高速で移動する物体との安定した通信回線を確保するためには，衛星を利用した移動体衛星通信が不可欠である．また，船舶でも沿岸を航海するような場合には，陸上の基地局との直接の通信が可能であるが，海上の広範囲にわたって通信サービスを行うためには衛星を利用するほうが効率がよくなる．海上船舶の衛星を利用した通信は，国際海事衛星機構であるインマルサット（INMARSAT : International Maritime Satellite Organization）によって行われている．船舶の場合は特に緊急時に対処するため,全世界的な海上遭難安全通信システム，GMDSS（Global Maritime Distress and Safety System）の構築が進められている．

　移動体通信の中で,陸上の移動体通信としては，データの一方的な送付を行うポケベルと称されるページャ（pager）システムや，業務用としてタクシーの呼び出し等に用いられるMCA（Multi Channel Access）システム等も広く普及しているが，本節では移動体と電話回線による通信を目的としたシステムについて説明する．

　自動車電話や携帯電話に代表される陸上移動体通信では，150,450 MHz 帯が使用されたがチャネル数の確保のため，わが国では 900 MHz 帯が現在用いられている．また，準マイクロ波帯と呼ばれる 1.5, 2.4 GHz 帯の利用も検討されている．

　自動車電話サービスを行うための最も簡単な構成は，図5.6に示す単一ゾー

ン構成である.この構成では半径数十 km のサービスエリア内にある自動車との通信を単一の基地局によって行うものである.基地局は有線回線と接続され公衆電話と同等なサービスが可能である.この方式ではシステム構成が簡単であるが,基地局に割り当てられる周波数に制限があるため,サービスエリア内でのチャネル数を増加させるには根本的な問題がある.また,サービスエリアが限定されるため,自動車がサービスエリアから出たときには通信回線を設定できないという欠点もあったが,自動車電話の初期のサービスとしては広く用いられていた.

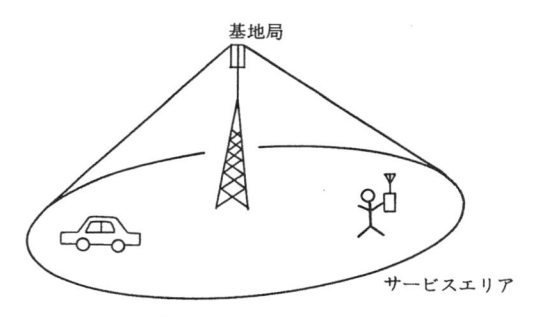

図5.6 単一ゾーン構成

　自動車電話や携帯電話は通信の究極の姿ともいわれるが,誰にでも使用できるようになるためには移動体通信のチャネル数を飛躍的に増大させる必要がある.チャネル数を増加させ,限られた周波数を有効に活用するための方式としては,図5.7に示す小ゾーン(zone)構成が,現在の自動車,携帯電話システムでは用いられている.図中,A,B,…で示す各小ゾーンの半径は 3～5 km であり,隣接するゾーン間では異なる周波数を利用して通信回線を設定する.このような構成により,隣接しないゾーン,図中の点線で示すゾーンでは F,E と同じ周波数を使用することができ周波数の有効利用が図られる.各ゾーン間の重なる部分をオーバラップゾーン(overlap zone)と呼び,自動車がこのゾーンに入ると,基地局側で移動局からの電波の強度を監視して,定められた値より小さくなると隣接する他のゾーンへ制御と通信回線の確保を引き渡してゾーン間の移動による通信途絶が生じないようにする.

このような構成で移動局を呼び出すためには，あらかじめ自動車の位置を登録しておく必要がある．このために，移動局側の電話機の電源が入れられると，その移動局の識別番号が送信され，いくつかの小ゾーンで構成される制御ゾーン内にいるものとして登録される．他の回線から移動局への呼び出しがあると，

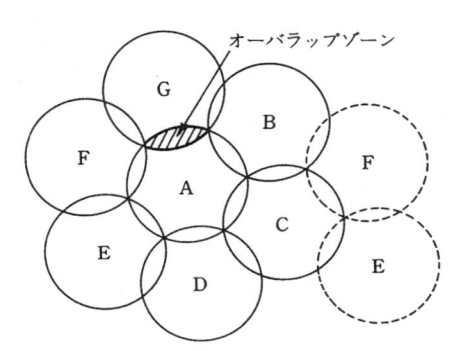

図5.7 小ゾーン構成

その移動局が登録された制御ゾーン内のすべての基地局が一斉に呼び出しを行い，移動局からの応答信号を最も強く受信した基地局のゾーンが移動局の位置として特定される．以上のような手順により自動車等を利用した移動体通信は，公衆電話と全く同一なサービスが可能となる．

　移動体通信での大きな問題は，移動局の移動にともなって生じるフェージングである．UHF帯の電波を移動体通信として利用するときには，図5.8に示すように自動車に対してあらゆる方向から電波が到来し，これらの多重波の合成によってフェージングが生じる．また，自動車が速度 v で移動しているとき，到来波1の周波数はドップラー効果によって変動し，その周波数変動は次式で与えられる．

$$f_d = \frac{v}{\lambda} \cos\theta \tag{5.5}$$

上式より 900 MHz の電波を時速 50 km で走る自動車で受信するときの周波数変動は最大 41 Hz となる．フェージングは定在波中を走行することによって生じるため，フェージングのピッチはこの2倍の周波数で観測されることになる．

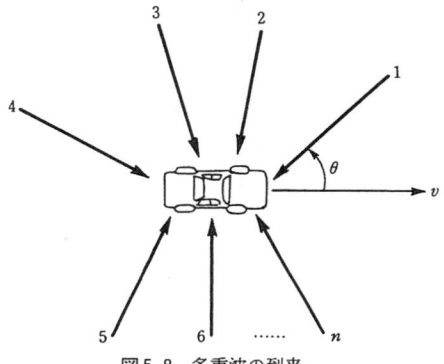

図5.8 多重波の到来

　自動車に到来する多重波は，基地局から送信された電波が建物や移動する自動車などによる反射によって生じるため互いに無相関であり，移動局の位置によって受信レベルが大きく変動している．受信位置と受信レベルの変化を示したものが図5.9である．

　受信レベルは数十dBの範囲で変動する．変動する受信レベルが移動局側での受信最低レベルよりも下回ると基地局からの受信ができなくなり，最悪の場合は通信回線の遮断が生じる．このようなフェージングによる受信レベルの変動を軽減する手法として，前章でも説明したダイバーシチ受信が有効である．空間的にある程度離したアンテナ間の相関係数が十分に小さければ，図中で実線と破線で示すように，受信レベルの変動は二つのアンテナから受信される電波の変動位置が異なってくる．したがって，二つのアンテナでの受信電力の強度

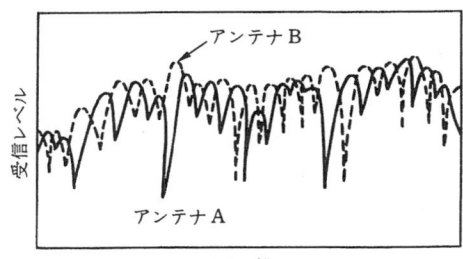

図5.9 受信レベルの変動とダイバーシチ受信

を比較して常に大きい方の信号を採用すれば，フェージングの影響を軽減した安定な受信が行える．移動局側の無線機では二つのアンテナに対応する二つの受信系統を持ち，検波後の出力を合成することによってダイバーシチ受信を行っている．これを選択切り替えダイバーシチ方式という．

　自動車電話や携帯電話の潜在的な需要は非常に大きく，大都市地域では小ゾーン構成法によるチャネル数の増加だけでは供給が十分でなくなってきている．チャネル容量を増やすためには，小ゾーンの半径を1.5 kmまで小さくしてゾーンの数を増やすとともに，図5.10に示すように基地局のアンテナの水平面内指向性を二つ，または三つに分割した領域を新たなゾーンとするセクター（sector）方式も用いられている．このような基地局の整備に加えて準マイクロ波帯等のより高い周波数領域の開拓が必要となるが，周波数が高くなれば伝搬条件はさらに悪化するため技術的な課題は多い．

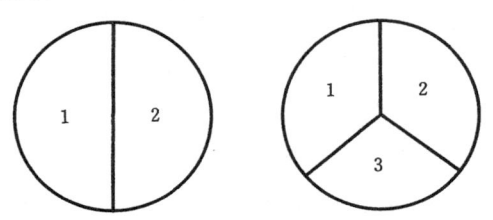

図5.10　セクター方式によるゾーンの分割

5.4　放　　送

5.4.1　ラジオ放送

　電波を利用したシステムの中で，電波の特性を最もよく利用しているのがラジオ（radio）とテレビジョン（television）放送である．電磁波は放射されると空間に広がっていくため，特定の方向に集中して電磁波を放射するには使用する波長に比べて十分に大きなアンテナを必要とする．さらに，受信者を特定のものに限定しようとするとシステムに対する負担が多大なものとなる．したがって，電波を放射するのは不特定の方向に一様に放射する用途のほうが望ま

5.4 放　送

しいといえる．放送は不特定多数に受信される一対多の通信形態であり，電波の特性を利用する最も望ましいシステムといえる．

　MF 帯を利用する AM 放送は地表波による伝搬が中心であるため，ある程度見通し外まで伝搬し建物の中にも進入するので，受信環境の制約を受けにくい利点を持つ．わが国では 525〜1605 kHz の周波数範囲で 9 kHz 間隔で各局に周波数が割り当てられている．MF 帯では周波数領域が狭いため変調方式としては AM が使用されているが，上側波帯と下側波帯を利用してステレオ放送を行うことも可能であり，AM ステレオとして米国では実用化されている．MF 帯の放送が国内向けであるのに対して，HF 帯を利用する短波放送では，電離層伝搬波によって見通し外の遠距離への伝達を目的とし，海外向けの放送が中心となる．なお，変調方式は AM が主である．

　AM 放送では搬送波の振幅変化に情報を乗せて送信するため，フェージングや雑音の影響を受けやすい．また，SN (signal to noise) 比は変調度に比例するため理論的な限界がある．AM で 100 % 以上の変調度となることを過変調と呼び，信号のひずむ原因となる．特に MF 帯のような低い周波数を利用する場合，FM 方式のように帯域を広くして音質を向上させるには周波数の有効利用の点で問題がある．VHF 帯以上の周波数を利用すると見通し内通信に限定されるが，一つの放送局当たりの周波数帯域を広く取れるため FM 方式を採用することができる．FM 方式では周波数の時間変化成分を信号として伝送するため，フェージングによって搬送波の振幅が変化しても受信機の振幅制限器によってその変動を除去できるため影響を受けにくい．また，SN 比は周波数帯域に比例して改善されるため高音質の放送を行うことができる．電話のような音声のみを伝送するシステムでは 0.3〜3.4 kHz の低周波信号を伝送すればよいが，音楽も伝送する AM 放送では 6 kHz の帯域を伝送している．これに対して高音質伝送を目的とする FM 放送では 15 kHz までの低周波信号を伝送している．

　FM 方式では変調時の周波数偏位を大きくとることにより AM 方式に比べて SN 比を増加させている．AM 変調では単位帯域幅当たりの雑音の電力密度

を n とし，搬送波の信号電力を C，変調度を m として，変調信号の最大周波数を f_m とすれば，帯域内の雑音電力は $2f_m n$ となるのでその SN 比は次のように表せる．

$$\frac{S}{N} = \frac{mC}{2nf_m} \tag{5.6}$$

これに対して FM 変調方式で最大周波数偏移を Δf とするとき，伝送する周波数帯域は AM と同じとすれば SN 比は以下のように計算できる．

$$\frac{S}{N} = \frac{3C(\Delta f)^2}{2nf_m^3} \tag{5.7}$$

したがって，AM での SN 比は変調度に比例するため，その最大値を $m = 1$ として上式と式 (5.6) の比をとれば FM の AM に対する SN 比の利得 G が求められる．

$$G = 3\left(\frac{\Delta f}{f_m}\right)^2 \tag{5.8}$$

現行の FM 放送では $\Delta f = 75\,\mathrm{kHz}$ であるから，信号の最大周波数を $10\,\mathrm{kHz}$ として計算すると $G = 22\,\mathrm{dB}$ となり，AM に比べて SN 比が 100 倍近く改善されることになる．

　FM 放送ではステレオ放送をする目的で，右チャネル R と左チャネル L の二つの信号を $L + R$ を主チャネル，$L - R$ を副チャネルとして伝送している．図 5.11 に FM ステレオ放送の周波数スペクトラムを示す．モノラル放送との整合性をとるため，副チャネル信号を 38 kHz の副搬送波信号を用いて振幅変調し，副搬送波信号の 2 分の 1 のパイロット信号 19 kHz に主チャネル信号を加えた 0〜53 kHz の信号を，76〜90 MHz の VHF 帯の搬送波に周波数変調をかけて伝送を行う．受信側では帯域フィルタによって主チャネルと副チャネルを分離し，副チャネルに対してはパイロット信号の 2 倍の周波数で復調することにより $L - R$ 信号を取り出している．また，ステレオ放送を行っていることを示すパイロット信号に振幅変調をかけて放送とは異なるデータ伝送を行うことも可能で，ポケットベルの呼出や情報サービスとして米国などではすで

に実用化されている．

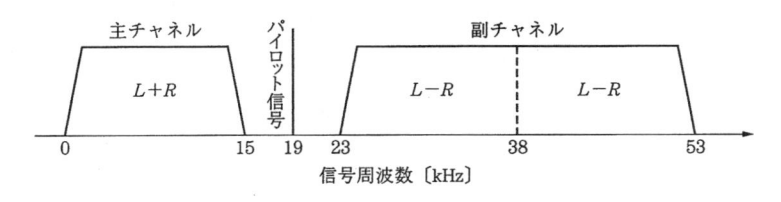

```
       主チャネル    パ          副チャネル
                    イ
                    ロ
        L+R         ッ      L−R          L−R
                    ト
                    信
                    号
        0          15 19  23           38           53
                        信号周波数〔kHz〕
```

図5.11　ステレオ信号

5.4.2　テレビジョン放送

　テレビジョン放送の映像信号の伝送をするためには，伝送する画像を縦横比3対4の画面内で，縦方向に525本の走査線を走らせ，走査線の各点での輝度と色情報を電気信号に変換している．走査線の走査は連続的に行うのではなく，図5.12の実線で示す軌跡のように，走査線を1本おきに飛び越して1画面を描き一つのフィールド（field）とする．次の画面では破線の軌跡をとり，前のフィールドで抜かした部分を描き二つのフィールドによって全部の画面1フレーム（frame）を形成する．走査線上で画面を描くのはA→Bの間で，B→Cでは画面を描かず水平帰線消去期間と呼ばれる．1フィールドを描き終わった走査線は再び画面の上の走査開始点までジグザクの経路とりながら戻る．これを垂直消去期間と呼び画面情報は伝送されないため，テレビジョン放送を利用した文字多重放送のデータ伝送用に使用されることもある．

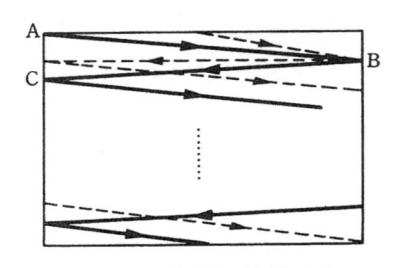

図5.12　走査線の飛越し走査

現行のテレビジョン方式では1秒間に30フレームを描くためフレーム周波

数は 30 Hz である．フレーム周波数が一定の場合は走査線の飛び越し走査を行わず順次描く方式に比べて画面のちらつきが少なくなる利点がある．映像信号は情報量が多いため振幅変調によって搬送波に乗せられるが，その振幅を黒に対応する 0 から白のピーク値までに分布させる．画面全体の輝度は直流成分として変調され，明暗の変化の最も大きな部分が映像信号の最大周波数となり約 4.3 MHz である．

わが国のテレビジョン方式は，米国の統一方式として採用された NTSC (National Television System Committee) 方式を採用している．この他の方式としてはヨーロッパを中心とする PAL (phase alternation line) 方式，ソ連，東欧の SECAM (sequential a memoir) 方式がある．テレビジョン放送は映像の輝度情報のみを伝送する白黒画像によって始まったが，カラー画像を伝送するに当たって白黒方式と共用して使える，コンパチブル (compatible) 方式が必要であった．現行のカラーテレビジョン方式はすべて白黒画像とのコンパチブル方式であるが，ここでは NTSC 方式を例として説明する．

NTSC 方式では画面上の各点の情報を，光の 3 原色である赤，緑，青の各成分に分解したときのそれぞれの信号強度 R, G, B とするとき，人間の色に対する色感度特性を考慮して画面の輝度信号 Y を次のように表す．

$$Y = 0.30R + 0.59G + 0.11B \qquad (5.9)$$

輝度信号 Y は画面全体の明るさを直流成分として持つため，周波数帯域は 4.3 MHz 近くあるが，その周波数スペクトルは $f = 0$ Hz と走査線の水平方向の走査周波数 15.75 kHz，またはその 2 倍の周波数付近に集中し，色信号を変調する 3.58 MHz 近辺ではそのスペクトル密度は低くなっている．色信号としては R, G, B から以下に示す I, Q 信号を作成し，それぞれを同一の色信号副搬送波 f_c に振幅変調をかける．

$$I = -0.27(B-Y) + 0.74(R-Y) \qquad (5.10)$$
$$Q = 0.41(B-Y) + 0.48(R-Y) \qquad (5.11)$$

I, Q 信号の周波数スペクトルは 3.58 MHz 付近で互いに重ならないような成分を持つため，図 5.13 のように輝度信号の周波数帯域の中に重ねて伝送する

5.4 放送

ことが可能となる．このようにして白黒方式とのコンパチブル性を確保するとともに，情報の圧縮を十分に行っている．

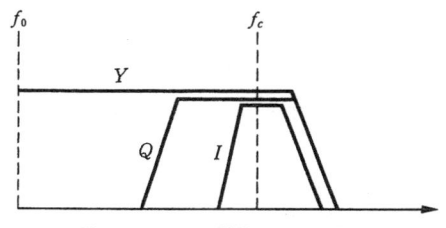

図5.13 カラー信号のスペクトル

以上のようにして輝度信号と色信号を重複して得られたカラーの映像信号を，映像信号搬送波f_0に対して振幅変調をかけて伝送する．振幅変調をかけると変調された電波の周波数帯域は上下側波帯をあわせて 9 MHz 近くなるが，周波数帯域を圧縮し送信電力を有効に使うため，下側波帯の一部を抑圧した図5.14に示す残留側波帯方式が用いられる．短波帯通信で用いられる片側の側波帯のみを使用する SSB 方式としないのは，音声信号を伝送するときには直流成分はなく 0.3 kHz 以上の信号であるので，二つの側波帯の分離が容易であるのに対して，映像信号では強い直流成分を含むためである．

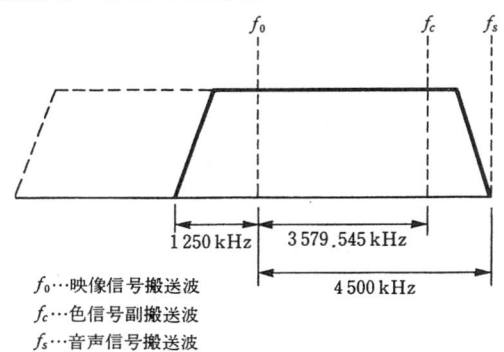

f_0…映像信号搬送波
f_c…色信号副搬送波
f_s…音声信号搬送波

図5.14 映像信号の残留側波帯特性

テレビジョン放送に使用される周波数は VHF 帯では 90 ～ 108 MHz と 170 ～ 222 MHz，また UHF 帯では 470 ～ 770 MHz であり，偏波としては主に水平偏波が用いられている．

VHF，UHF帯でのテレビジョン放送は地上波による見通し内通信であり，平坦な地域でのサービスエリアは半径50 km程度であるが，山岳地域や離島をサービスエリアとするためには数多くの中継局を設置する必要がある．このような難視聴地域でのテレビジョン放送を改善するために，静止衛星を利用して衛星から各家庭に直接放送波を送信する放送衛星，DBS (direct broadcasting by satellite) がある．放送衛星ではSHF帯の12／14 GHzを利用し，衛星内の中継器の送信出力に100 W以上あるものを用いている．

　わが国では1978年に打ち上げられた実験用衛星BSから基本実験が始まり，中継器の大出力進行波管のトラブルもあったが，1987年に打ち上げられたBS-2bによって実用放送が開始された．さらに，1990年からはBS-3a，bによってNHKと一般放送事業者による3チャネル放送も開始されている．

　衛星放送では各家庭で数十cmの半径のパラボラアンテナや平面型のアンテナによって直接受信するために，衛星搭載のダウンリンク用のアンテナは鋭い指向性をもたせ，送信出力が日本に集中して照射されるようにしている．アンテナで受信された衛星からの電波は，アンテナ直下のダウンコンバータ (down-converter) によって1.3 GHz帯に周波数変換され，同軸ケーブルによって受信機に入力される．アンテナ直下で周波数変換を行うのは，SHF帯の電波を同軸ケーブルで伝送するより，UHF帯に下げて伝送したほうが伝送損失を少なくできるためである．衛星放送に使用される偏波は円偏波であり（わが国の割当は右旋偏波），近隣諸国との混信を偏波の回転方向を変えて防ぐ方法をとっている．

　衛星放送では難視聴地域の改善が第一の目的であったが，SHF帯の周波数を使用しているのでチャネル当たりの周波数帯域を広くとれることになり，音声信号のPCM (pulse cord modulation) によるディジタル伝送や，ハイビジョン (high-definition television) 映像の伝送などにも利用されている．現在の衛星放送用として打ち上げられた衛星の中継器の出力には非常に大きいものが用いられているため，地上でのアンテナを小型化することができる．これに対して通信衛星として打ち上げられた静止衛星を利用してテレビジョン放送を

5.5 測位システム

5.5.1 レーダ

目標となる物体に対してパルス波を発射して目標物から反射して戻ってくるまで時間を計ることによって,目標までの距離を測定するのがレーダ(RADAR: radio detection and ranging)である.レーダは軍事用として飛行機の発見用に開発されたが,障害物を発見する目的や飛行機の航路誘導,また衛星を利用したリモートセンシング(remote sensing)として地球の観測を行うなどさまざまな用途に用いられるようになってきている.

図5.15に示す送信アンテナから発射された電波が,距離dだけ離れたところの目標物で反射して再びもどってくるまでの時間tは光速をcとして次のように表される.

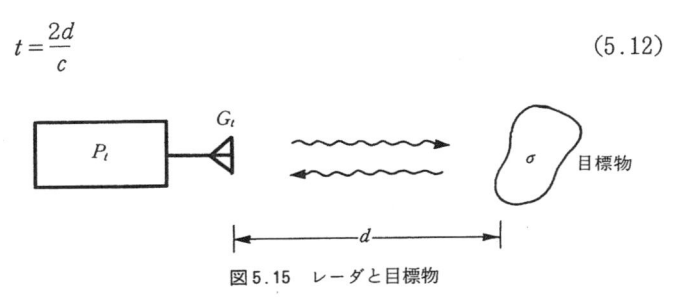

$$t = \frac{2d}{c} \tag{5.12}$$

図5.15 レーダと目標物

したがって,送信したパルス波が帰ってくるまでの時間を測定することによって目標物までの距離が推定できる.送信出力をP_t,送信アンテナの利得をG_tとするとき目標物に達したときの電力密度p_{0t}は自由空間の伝搬損を考慮して求められる.

$$p_{0t} = \frac{G_t P_t}{4\pi d^2} \tag{5.13}$$

目標物の形状は立体的であるが，送信アンテナに対してどの程度の電力を反射するかを表す指標としてレーダ断面積 σ がある．レーダ断面積は目標物が送信アンテナに対して σ の面積をもつ完全反射体として近似できることを表しておりほぼ幾何学的な断面積に等しい．p_{0t} にレーダ断面積を乗じることにより目標物で反射し戻ってくる電力密度は

$$p_{0r} = \frac{1}{4\pi d^2} \sigma \frac{G_t P_t}{4\pi d^2} \tag{5.14}$$

探知用のレーダでは送信アンテナと受信アンテナは同じものを用いているため，受信アンテナとしての有効開口面積は，$G_t \lambda^2/4\pi$ となり，目標物で反射されてきた電波の受信電力 P_r は次式で表される．

$$P_r = p_{0r} G_t \frac{\lambda^2}{4\pi} = \frac{P_t G_t^2 \lambda^2 \sigma}{(4\pi)^3 d^4} \tag{5.15}$$

上式はレーダ伝搬の基本となるレーダ方程式であり，目標物の散乱断面積と受信に必要な最小電力が与えられればレーダの最大探知可能距離が求められる．目標物が航空機のような複雑な形状をしているときには，レーダ断面積は方向によってさまざまな値をとるため実験的に測定する必要がある．しかし，レーダ断面積の目安として，大型船舶では数百 m²，大型航空機では数十 m² といわれている．

　船舶用のレーダとして使用されるアンテナの指向性は，目標物のさらに遠方からの反射波も受信し，さらに船舶が動揺したときにも十分に探知ができるように，垂直方向の指向性は 20 度程度の範囲をカバーできる扇形となっている．また，水平方向は目標物に対する分解能を上げるため 2 度程度の半値幅を持つようにする．レーダ用のアンテナではサイドローブがあると所望方向以外からの電波を受信して，目標物がないのに虚像として現れるゴーストが生じるため，アレイアンテナの指向性を制御して低サイドローブの水平面内指向性を実現している．船舶に搭載するレーダは，大型船舶では長距離の監視が可能な S バンド，また小型船舶は水路のような入り組んだ地形にも対応できるよう分解能の高い X バンドのレーダが用いられる．港や水路にある船舶を監視する港湾レー

ダでは高い分解能が必要とされるためXバンドの周波数が用いられる.

レーダの重要な用途の一つに航空機の監視がある.飛行中の航空機はARSR (air route surveillance radar, 航空路監視レーダ) が用いられ,数百海里内の航空機の監視を地上から行う.周波数は1.3GHz帯 (Lバンド) で,水平方向には1.2度程度の鋭いビーム幅のアンテナが用いられる.航空機が空港から60海里程度まで近づくと,空港内の2.8GHz帯 (Sバンド) のASR (airport surveillance radar, 空港監視レーダ) によって監視される.また,SSR (secondary surveillance radar, 二次監視レーダ) と呼ばれる一種の通信装置によって飛来する航空機の識別を行う.空港付近には建物などがあるためレーダから発射された電波が,航空機以外の障害物によって反射されることによってレーダの像として現れるクラッタ (clutter) が問題となる.クラッタの影響を極力抑制するためにアンテナの垂直面の指向性をコセカント (cosec) 2乗の形にする方法や,信号処理によってクラッタを除去する方法がある.ASRによって空港に誘導された航空機が着陸するときには,水平および垂直方向の進入路をPAR (precision approach radar, 精測進入レーダ) によって誘導する.PARでは水平および垂直方向に鋭い指向性を持つ二つのレーダが必要とされ9GHz帯 (Xバンド) の周波数が用いられる.PARのアンテナビームには高速な走査が要求され,電子的にビームを走査するアンテナが用いられることもある.

5.5.2 電波航法

電波を利用した位置を決定する電波航法ではLF帯からMF帯の周波数が用いられている.ロラン (LORAN : long range navigation) Aでは,1.75〜2MHzの周波数により海上の船舶や航空機の位置決定に利用される.図5.16において,二つの基地局A, Bからそれぞれの基地局を識別できるパルス波が発射されているものとする.点Pにおいて位相が完全に同期した両局からのパルスを受信してその位相差を測定すれば,距離$\overline{AP}$と$\overline{BP}$の差が計算でき,その差が一定となる軌跡は図のような双曲線を描くことになる.したがって,図5.17のようにA, B局とは別のもう1組の局C, Dからのパルスを受信するこ

とによって，C，D局からの位相差一定の軌跡 cd がわかるため点Pの2次元的な位置が特定できる．ロランAの有効距離は 500〜700 海里で，1〜3 海里の精度を有する．

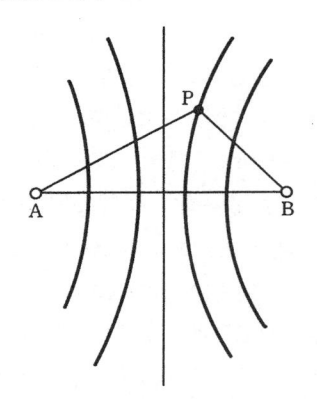

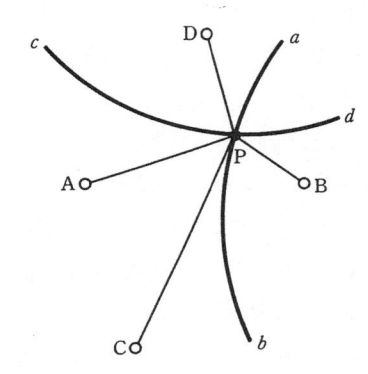

図5.16　A，Bからの距離差一定の軌跡

図5.17　4局による位置の決定

ロランAに続いて開発されたものに，基地局からの発射電波を連続波源としたデッカ（Decca）航法がある．デッカでは 70〜130 kHz の LF 帯を利用し数百海里の有効距離を持つ．有効距離を伸ばすためには地表波の到達距離を拡大すればよいのでより低い周波数でパルス波を用いればよく，ロランCとして 1500〜1700 海里の有効距離を持つシステムが開発されている．さらに低い周波数を用いたオメガ（ω）航法では，10〜14 kHz の連続波源を用いたシステムで 8000 海里程度の有効距離を持つため八つの基地局により，地球上をすべてカバーすることが可能となる．オメガの周波数は VLF 帯であるため海水中にも到達し，潜水艦でアンテナを海上に出さなくても利用することができる．

5.5.3　衛星航法システム

VLF 帯から MF 帯を利用した測位システムでは，主に面上の一点，すなわち2次元平面内での位置を特定することが可能であるが，山に登ったときなどや，航空機の位置決定では高度を含めた3次元的な位置決定が必要となる．こ

5.5 測位システム

のような3次元的な位置を決定するシステムとして，GPS（Global Positioning System）がある．衛星を利用する測位システムには，移動する衛星の周波数変化であるドップラーシフトを利用するものもあるが，ここではより高い精度のとれるGPSについて説明する．

GPSでは高度約2万km上空をほぼ半日の周期で飛行する衛星を，一つの軌道当たり等間隔に三つの衛星を上げ，全部で六つの軌道上に18個の衛星を配置する．このようして地球上のあらゆる地点では常に四つ以上の衛星を見ることが可能となり，以下のような手順によって位置決定を行う．

図5.18に示すように地上での点Pの時刻t_Pにおいて，三つの衛星A，B，Cから発射される電波を観測したとする．各衛星が送信した電波でその発射した時刻t_A, t_B, t_Cを情報として送るとする．衛星が極めて正確な原子時計を搭載しているので，送られた電波の発射時刻から地上での点Pまでの距離Lが計算できることになる．衛星が電波を発射した時刻からそのときの衛星の軌道上での位置は極めて正確に計算できるので，三つ以上の衛星からの信号を受信することによって3次元的な位置が決定される．地上での機器に搭載する時計が正確な原子時計のようなものでは，機器が大きくなって携帯に不便である．このため，機器内の時計の補正を行うため実際には四つ以上の衛星からの電波を受信して位置決定を行う．

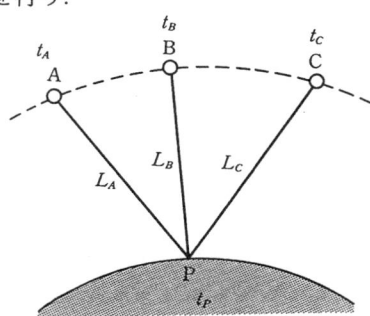

図5.18 GPSによる位置測定

GPSは米国の軍事用目的として開発されたシステムであるが，一般にも一部開放されており，1.5 GHz帯のダウンリンク周波数を用いれば30〜100 m

の精度で位置を決定できる．

5.6 電磁波のエネルギー利用

5.6.1 電磁波加熱

これまでは情報の伝達，または収集する目的で電磁波を利用するシステムの具体例を取り上げてきたが，ここでは電磁波のエネルギーを利用する例について説明する．電磁波を介して物体にエネルギーを与えて加熱する電磁波加熱は，電波利用のもう一つの重要な用途である．最も生活に密着しているものとしては，家庭用の電子レンジがある．電子レンジは microwave oven と英語でいわれるように，マイクロ波帯の 2.45 GHz の電磁波を用いて食品等を加熱するものである．2.45 GHz は水の分子の共鳴周波数であり，電子レンジでは食品中の水の分子に対して選択的にエネルギーを与えて加熱する．発振源としてはマグネトロン（magnetron）が用いられている．

電磁波加熱は廃棄物の溶融凝結処理にも使われるが，核融合を実現するための手段の一つとしても用いられている．重水素と三重水素の混合気体を加熱して気体分子がイオンと電子に分離した混合状態をプラズマ（plasma）というが，核融合を実現するためには，このプラズマを高温，高密度で一定の時間保つ必要がある．核融合反応を起こすために必要な 1 億度近くまで温度を上昇させたプラズマを，磁力線の回りにイオンと電子を回転させて容器内に閉じこめる方式は磁気閉じこめ方式と呼ばれる．ここでは，一次加熱としてプラズマの電気抵抗による発熱を利用してプラズマの温度を上昇させる．しかし，プラズマの電気抵抗は温度の上昇とともに小さくなってしまうため，核融合反応を起こすために新たな加熱が必要となる．これを追加熱と呼び，高エネルギーの中性子をプラズマに照射して加熱する中性粒子加熱と，電磁波をプラズマ中に照射する電磁波加熱がある．

電磁波加熱は高周波加熱，RF（Radio Frequency）加熱とも呼ばれ，HF 帯からミリ波帯までのさまざまな周波数の電磁波をプラズマ中に照射して加熱す

る方法であり，使用される周波数によって3種類の方法に大別される．プラズマ中の電子は，磁力線に巻きついて運動するが，その回転運動と共鳴する周波数を照射するとプラズマ中の電子に選択的にエネルギーが吸収されて加熱される．これが電子サイクロトロン周波数帯加熱で，$30 \sim 150\,\mathrm{GHz}$ の周波数が用いられる．磁力線に巻きついて運動するイオンの旋回運動の周波数は数十〜数百 MHz であるため，これと一致する周波数を照射してプラズマを加熱するのがイオンサイクロトロン周波数帯加熱である．また，両者の中間的な周波数である数 GHz の電磁波を用いて電子とイオンをともに加熱する低域混成波加熱も用いられる．これらの電磁波加熱はプラズマの立ち上げ，加熱，持続などのさまざまな目的に対して使用され核融合を実現するための有力な手段となっている．

5.6.2 太陽光発電衛星

化石燃料の代替エネルギーとして，自然のエネルギーを利用する種々のシステムが考えられているが，自然現象による不安定性が常に問題となる．特に太陽光による発電では，大気中でのエネルギーの吸収もあり大規模な発電には向かないのが現状である．このような問題を解決する一つの手段として考えられているものが太陽光発電衛星，SPS（satellite power system）である．宇宙空間では地上とは異なり太陽電池によって自然現象に左右されず安定した発電が行える．そこで，図 5.19 のように静止衛星軌道上に直径 1 km の送信用アンテナを備えた太陽光発電衛星から，大気中の伝搬損失の少ない 2.45 GHz の電磁波で地球に電磁波エネルギーを照射する．これに対して赤道上に直径約 9 km 程度の受信用アンテナを配置すれば，送信された電磁波エネルギーの 90 ％近くが地上の受信場所に伝送可能となる．受信場所ではレクテナ（rectenna）と呼ばれる受電アンテナ素子に整流用のダイオードを組み込んで電力を取り出す．衛星の発電電力としては $5 \sim 10\,\mathrm{GW}$ 程度のものが考えられている．地球上の自然現象に左右されず安定した発電が行えるが，膨大な設備を必要とすることや地球上での環境面の問題が課題として残っている．

マイクロ波帯を用いた電力伝送は太陽光発電衛星から地球に電力を伝送するだけでなく，宇宙空間で発電衛星から他の衛星や宇宙ステーションへの電力伝

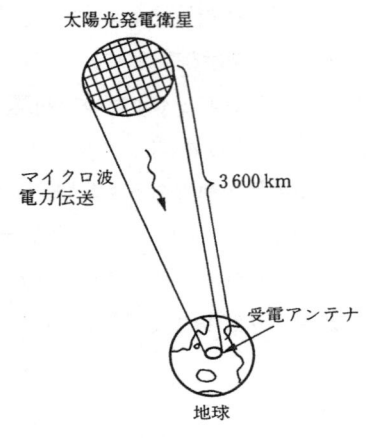

図 5.19　太陽光発電衛星

送への用途も考えられている．また，図 5.20 に示すように，空気抵抗の少ない成層圏に無人の飛行機や飛行船を飛ばして，地上からマイクロ波による電力伝送で電力を供給し，無人の通信用中継器として利用する研究も進められている．

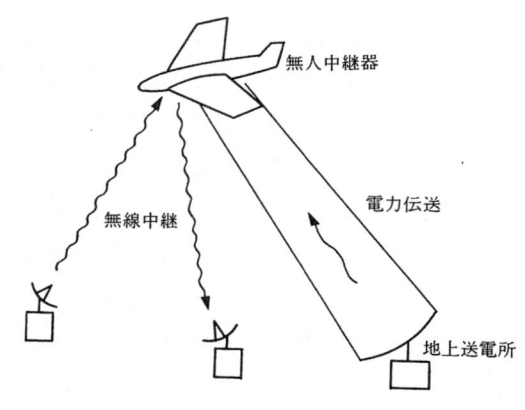

図 5.20　成層圏中継システム

演習問題

5.1 SSB方式がFM方式に比べて周波数帯域が狭くなる理由を述べよ．

5.2 地上から36 000 kmの高度にある静止衛星の送信出力が100 W，アンテナ利得を40 dBとして12 GHzの電波を地上で受信するとき，受信機の等価周波数帯域が300 MHzのときG/Tで15 dBを得るための受信アンテナのC/Nはいくらか．

5.3 衛星通信においてアップリンクとダウンリンクの周波数の関係について説明せよ．

5.4 自動車電話においてチャネル容量を増加させるための手法について二つ以上述べよ．

5.5 白黒方式とコンパチブルにカラー映像を伝送するための伝送方式について説明せよ．

5.6 レーダ方程式を導出し，散乱断面積10 m²の物体に5 km離れた地点から3 kWのパルス波を発射したときの受信電力はいくらか．ただし，周波数9.4 GHzにおいて動作利得30 dBのアンテナを送信と受信に使用するものとする．

5.7 衛星を利用した測位法について説明せよ．

5.8 電磁波のエネルギー利用について説明せよ．

参考文献

1) カルツェフ著,早川光雄,金田真澄訳:マックスウェルの生涯,東京図書,(1976)
2) 山崎俊雄,木本忠昭:電気の技術史,オーム社,(1976)
3) 関口利男:電磁波,朝倉書店,(1976)
4) 後藤尚久:電磁波工学演習,昭晃堂,(1981)
5) 小林常人:空中線系と電波伝搬,科学近代社,(1978)
6) 宇田新太郎:無線工学,丸善,(1964)
7) 中島将光:マイクロ波工学,森北出版,(1975)
8) 安達三郎,米山務:電波伝送工学,コロナ社,(1981)
9) 池上文夫:応用電波工学,コロナ社,(1985)
10) 桑原守二監修:自動車電話,コロナ社,(1985)
11) 森口繁一,宇田川 久,一松信:数学公式集Ⅲ,岩波全書,(1981)

付　録

ギリシア文字

大文字	小文字	英語読み	大文字	小文字	英語読み
A	α	alpha	N	ν	nu
B	β	beta	Ξ	ξ	xi
Γ	γ	gamma	O	o	omicron
Δ	δ	delta	Π	π	pi
E	ε	epsilon	P	ρ	rho
Z	ζ	zeta	Σ	σ	sigma
H	η	eta	T	τ	tau
Θ	θ	theta	Υ	υ	upsilon
I	ι	iota	Φ	ϕ	phi
K	κ	kappa	X	χ	chi
Λ	λ	rambda	Ψ	ψ	psi
M	μ	mu	Ω	ω	omega

（注）Φ の小文字には φ も用いられる．

定　数　表

誘　電　率	$\varepsilon_0 = 8.854 \times 10^{-12}$	〔F/m〕
透　磁　率	$\mu_0 = 4\pi \times 10^{-7}$	〔H/m〕
光　　　速	$c = 2.998 \times 10^8$	〔m/s〕
導　電　率	$\sigma = 5.7 \times 10^7$（銅）	〔S/m〕
電子の電荷	$e = -1.602 \times 10^{-19}$	〔C〕
質　量	$m = 9.109 \times 10^{-31}$	〔kg〕
ボルツマン定数	$k = 1.38 \times 10^{-23}$	〔J/K〕

電波工学関連年表

西暦	
1600	ギルバート「磁石について」
1660	ゲーリッケの摩擦静電機
1745	クライストのライデン瓶発明
1752	フランクリンの避雷針発明
1772	キャベンディシュの電気力の逆2乗の法則
1785	クーロンの法則
1820	エルステッドの電流の磁気生成発見
	アンペールの法則
	ビオ・サバールの法則
1826	オームの法則
1831	ファラデーの電磁誘導発見
1834	レンツの法則
1837	モールスの電信機
1851	英仏海底ケーブル
1864	マックスウェルの方程式
1866	大西洋海底ケーブル
1876	ベル，グレイの電話機発明
1888	ヘルツの電磁波の実験的確認
1895	マルコーニの無線電信実験
1901	マルコーニの大西洋横断無線電信
1902	ケネリー・ヘビサイドの電離層仮説
1904	ドゥフォリストの3極管発明
1906	フェッセンデンの無線電話実験
1920	ラジオ放送局の開設（ピッツバーグ）
1937	イギリス BBC によるテレビ放送開始
1948	トランジスタの発明
1953	NTSC方式カラーテレビ実験放送
1957	ソ連のスプートニク打ち上げ
1962	テルスター衛星による太平洋横断電話
1963	シンコム衛星による静止衛星通信

A.1 直交曲線座標系での ∇ を含むベクトルの成分表示

$$\nabla\phi = \frac{1}{h_1}\frac{\partial\phi}{\partial u_1}\boldsymbol{e}_1 + \frac{1}{h_2}\frac{\partial\phi}{\partial u_2}\boldsymbol{e}_2 + \frac{1}{h_3}\frac{\partial\phi}{\partial u_3}\boldsymbol{e}_3 \tag{A.1}$$

$$\nabla^2\phi = \frac{1}{h_1 h_2 h_3}\left[\frac{\partial}{\partial u_1}\left(\frac{h_2 h_3}{h_1}\frac{\partial\phi}{\partial u_1}\right) + \frac{\partial}{\partial u_2}\left(\frac{h_3 h_1}{h_2}\frac{\partial\phi}{\partial u_2}\right) + \frac{\partial}{\partial u_3}\left(\frac{h_1 h_2}{h_3}\frac{\partial\phi}{\partial u_2}\right)\right] \tag{A.2}$$

$$\nabla\cdot\boldsymbol{A} = \frac{1}{h_1 h_2 h_3}\left[\frac{\partial}{\partial u_1}(h_2 h_3 A_1) + \frac{\partial}{\partial u_2}(h_3 h_1 A_2) + \frac{\partial}{\partial u_3}(h_1 h_2 A_3)\right] \tag{A.3}$$

$$\nabla\times\boldsymbol{A} = \frac{1}{h_1 h_2 h_3}\begin{vmatrix} h_1\boldsymbol{e}_1 & h_2\boldsymbol{e}_2 & h_3\boldsymbol{e}_3 \\ \dfrac{\partial}{\partial u_1} & \dfrac{\partial}{\partial u_2} & \dfrac{\partial}{\partial u_3} \\ h_1 A_1 & h_2 A_2 & h_3 A_3 \end{vmatrix} \tag{A.4}$$

ベクトルの成分
$$\boldsymbol{A} = A_1 h_1 \boldsymbol{e}_1 + A_2 h_2 \boldsymbol{e}_2 + A_3 h_3 \boldsymbol{e}_3$$

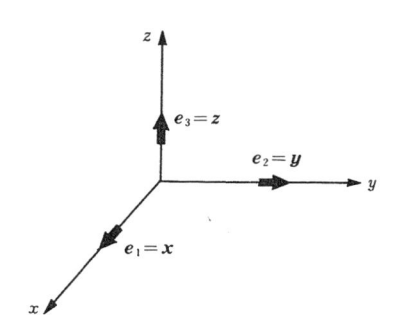

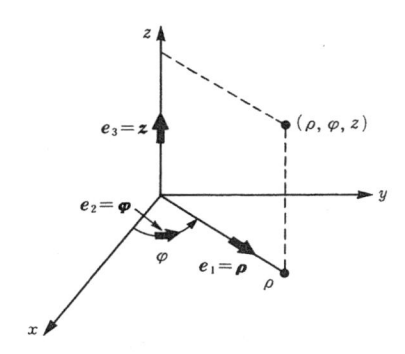

図A.1 直交直線座標系　　図A.2 円筒座標系 ($0 \leq \phi \leq 2\pi$)

各座標系での計量係数
(1) 直交直線座標系
$$h_1 = h_2 = h_3 = 1 \tag{A.5}$$

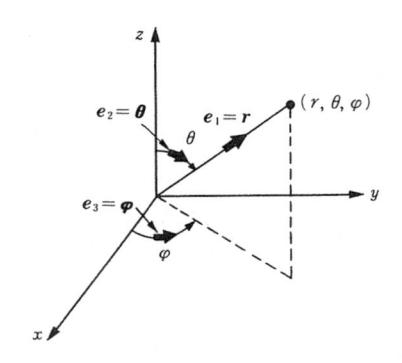

図A.3 球面座標系（$0 \leq \theta \leq \pi$, $0 \leq \phi \leq 2\pi$）

(2) 円筒座標系
$$h_1 = 1, \quad h_2 = \rho, \quad h_3 = 1 \tag{A.6}$$
(3) 球面座標系
$$h_1 = 1, \quad h_2 = r, \quad h_3 = r\sin\theta \tag{A.7}$$

直交直線座標系と円筒，球面座標系の単位ベクトルの関係
(1) 円筒座標系
$$e_1 = \rho = \cos\varphi\, x + \sin\varphi\, y \tag{A.8}$$
$$e_2 = \varphi = -\sin\varphi\, x + \cos\varphi\, y \tag{A.9}$$
$$e_3 = z \tag{A.10}$$
(2) 球面座標系
$$e_1 = r = \sin\theta\cos\varphi\, x + \sin\theta\sin\varphi\, y + \cos\theta\, z \tag{A.11}$$
$$e_2 = \theta = \cos\theta\cos\varphi\, x + \cos\theta\sin\varphi\, y - \sin\theta\, z \tag{A.12}$$
$$e_3 = \varphi = -\sin\varphi\, x + \cos\varphi\, y \tag{A.13}$$
(3) 直交直線座標系
 (3-1) 円筒座標系単位ベクトルで表す．
$$e_1 = x = \cos\varphi\, \rho - \sin\varphi\, \varphi \tag{A.14}$$
$$e_2 = y = \sin\varphi\, \rho + \cos\varphi\, \varphi \tag{A.15}$$
$$e_3 = z \tag{A.16}$$
 (3-2) 球面座標系単位ベクトルで表す．
$$e_1 = x = \sin\theta\cos\varphi\, r + \cos\theta\cos\varphi\, \theta - \sin\varphi\, \varphi \tag{A.17}$$
$$e_2 = y = \sin\theta\sin\varphi\, r + \cos\theta\sin\varphi\, \theta + \cos\varphi\, \varphi \tag{A.18}$$
$$e_3 = z = \cos\theta\, r - \sin\theta\, \theta \tag{A.19}$$

A.2　波源のないマックスウェルの方程式の成分表示　($\sigma=0$)

A.2.1　直交直線座標系　(x, y, z)

$$\frac{\partial H_z}{\partial y} - \frac{\partial H_y}{\partial z} = j\omega\varepsilon E_x \tag{A.20}$$

$$\frac{\partial H_x}{\partial z} - \frac{\partial H_z}{\partial x} = j\omega\varepsilon E_y \tag{A.21}$$

$$\frac{\partial H_y}{\partial x} - \frac{\partial H_x}{\partial y} = j\omega\varepsilon E_z \tag{A.22}$$

$$\frac{\partial E_z}{\partial y} - \frac{\partial E_y}{\partial z} = -j\omega\mu H_x \tag{A.23}$$

$$\frac{\partial E_x}{\partial z} - \frac{\partial E_z}{\partial x} = -j\omega\mu H_y \tag{A.24}$$

$$\frac{\partial E_y}{\partial x} - \frac{\partial E_x}{\partial y} = -j\omega\mu H_z \tag{A.25}$$

$$\frac{\partial E_x}{\partial x} + \frac{\partial E_y}{\partial y} + \frac{\partial E_z}{\partial z} = 0 \tag{A.26}$$

$$\frac{\partial H_x}{\partial x} + \frac{\partial H_y}{\partial y} + \frac{\partial H_z}{\partial z} = 0 \tag{A.27}$$

A.2.2　円筒座標系　(ρ, φ, z)

$$\frac{\partial H_z}{\rho\partial\varphi} - \frac{\partial H_\varphi}{\partial z} = j\omega\varepsilon E_\rho \tag{A.28}$$

$$\frac{\partial H_\rho}{\partial z} - \frac{\partial H_z}{\partial \rho} = j\omega\varepsilon E_\varphi \tag{A.29}$$

$$\frac{\partial(\rho H_\varphi)}{\rho\partial\rho} - \frac{\partial H_\rho}{\rho\partial\varphi} = j\omega\varepsilon E_z \tag{A.30}$$

$$\frac{\partial E_z}{\rho\partial\varphi} - \frac{\partial E_\varphi}{\partial z} = -j\omega\mu H_\rho \tag{A.31}$$

$$\frac{\partial E_\rho}{\partial z} - \frac{\partial E_z}{\partial \rho} = -j\omega\mu H_\varphi \tag{A.32}$$

$$\frac{\partial(\rho E_\varphi)}{\rho\partial\rho} - \frac{\partial E_\rho}{\rho\partial\varphi} = -j\omega\mu H_z \tag{A.33}$$

$$\frac{\partial}{\rho\partial\rho}(\rho E_\rho) + \frac{\partial E_\varphi}{\rho\partial\varphi} + \frac{\partial E_z}{\partial z} = 0 \tag{A.34}$$

$$\frac{\partial}{\rho \partial \rho}(\rho H_\rho) + \frac{\partial H_\varphi}{\rho \partial \varphi} + \frac{\partial H_z}{\partial z} = 0 \tag{A.35}$$

A.2.3 球面座標系 (r, θ, φ)

$$\frac{\partial}{r \partial \theta}(\sin\theta H_\varphi) - \frac{\partial H_\theta}{r \partial \varphi} = j\omega\varepsilon \sin\theta E_r \tag{A.36}$$

$$\frac{\partial H_r}{r \partial \varphi} - \frac{\sin\theta}{r}\frac{\partial}{\partial r}(r H_\varphi) = j\omega\varepsilon \sin\theta E_\theta \tag{A.37}$$

$$\frac{\partial}{r \partial r}(r H_\theta) - \frac{\partial H_r}{r \partial \theta} = j\omega\varepsilon E_\varphi \tag{A.38}$$

$$\frac{\partial}{r \partial \theta}(\sin\theta E_\varphi) - \frac{\partial E_\theta}{r \partial \varphi} = -j\omega\mu \sin\theta H_r \tag{A.39}$$

$$\frac{\partial E_r}{r \partial \varphi} - \frac{\sin\theta}{r}\frac{\partial}{\partial r}(r E_\varphi) = -j\omega\mu \sin\theta H_\theta \tag{A.40}$$

$$\frac{\partial}{r \partial r}(r E_\theta) - \frac{\partial E_r}{r \partial \theta} = -j\omega\mu H_\varphi \tag{A.41}$$

$$\frac{1}{r^2}\frac{\partial}{\partial r}(r^2 E_r) + \frac{1}{r \sin\theta}\frac{\partial}{\partial \theta}(\sin\theta E_\theta) + \frac{1}{r \sin\theta}\frac{\partial E_\varphi}{\partial \varphi} = 0 \tag{A.42}$$

$$\frac{1}{r^2}\frac{\partial}{\partial r}(r^2 H_r) + \frac{1}{r \sin\theta}\frac{\partial}{\partial \theta}(\sin\theta H_\theta) + \frac{1}{r \sin\theta}\frac{\partial H_\varphi}{\partial \varphi} = 0 \tag{A.43}$$

A.3 波源のないベクトル波動方程式の解

マックスウェルの方程式の解は，座標系を固定することによって，ある程度一般的に求められる．しかし，直交直線座標系（xyz 座標系）を例にして考えると，電磁界として座標系の三つの成分を電界，磁界とも持つような解を求めることは困難である．解として求められるものは電磁界の6成分のうち，一つの成分がないものとした式（3.10）や式（3.15）のような補助ベクトルを用いた方程式により求められる．これは，導波管の伝送モードのEモード，Hモードに相当する．現実の問題では六つの電磁界成分すべてを持つことが多いが，このようなときにはHモードとEモードの線形和として表すことができる．

Hモードの補助ベクトルは，波源として磁流があるときに波源の方向ベクトルを補助ベクトルと一致させて表される．このときの補助ベクトル $\boldsymbol{A}_h$ によるベクトル波動方程式は式（3.15）より次のようになる．

$$\nabla^2 \boldsymbol{A}_h + k^2 \boldsymbol{A}_h = 0 \tag{A.44}$$

$$\boldsymbol{E} = -\nabla \times \boldsymbol{A}_h \tag{A.45}$$

$$H = -j\omega\varepsilon\left(A_h + \frac{\nabla\nabla\cdot A_h}{k^2}\right) \qquad (A.46)$$

$$A_h = \phi_h h_i e_i \qquad (A.47)$$

$$\nabla^2\phi_h + k^2\phi_h = 0 \qquad (A.48)$$

ここで，補助ベクトル A_h は，各座標系のある単位ベクトル成分 e_i を持つものとして表せば，ベクトル波動方程式（A.44）は，スカラーポテンシャル ϕ_h のみで書き表される．

同様にしてEモードに対するベクトル波動方程式と各電磁界成分は以下のように表せる．

$$\nabla^2 A_e + k^2 A_e = 0 \qquad (A.49)$$

$$E = -j\omega\mu\left(A_e + \frac{\nabla\nabla\cdot A_e}{k^2}\right) \qquad (A.50)$$

$$H = \nabla \times A_e \qquad (A.51)$$

$$A_e = \phi_e h_i e_i \qquad (A.52)$$

$$\nabla^2\phi_e + k^2\phi_e = 0 \qquad (A.53)$$

式（A.48）と式（A.53）において，計量係数 h_1 が1となるときには二つの方程式は同じ形を取るため，これを総称して ϕ とすれば，次の ϕ に対するスカラー波動方程式の解を求めれば，補助ベクトルの違いによってHモード，Eモードを表すことができる．

$$\nabla^2\phi + k^2\phi = 0 \qquad (A.54)$$

以下に直交直線，円筒，球面の三つの座標系で求められる各モードの一般解を示す．

A.3.1　直交直線座標系

直交直線座標系でスカラ波動方程式を表すと次式のようになる．

$$\frac{\partial^2\phi}{\partial x^2} + \frac{\partial^2\phi}{\partial y^2} + \frac{\partial^2\phi}{\partial z^2} + k^2\phi = 0 \qquad (A.55)$$

このときの一般解は x, y, z の3方向に変数分離できるため，その解は以下のようになる．

$$\phi = X(x)Y(y)Z(z) \qquad (A.56)$$

$$X(x) = A_x e^{jk_x x} + B_x e^{-jk_x x} = C_x \sin k_x x + D_x \cos k_x x \qquad (A.57)$$

$$Y(y) = A_y e^{jk_y y} + B_y e^{-jk_y y} = C_y \sin k_y y + D_y \cos k_y y \qquad (A.58)$$

$$Z(z) = A_z e^{jk_z z} + B_z e^{-jk_z z} = C_z \sin k_z z + D_z \cos k_z z \qquad (A.59)$$

$$k_x^2 + k_y^2 + k_z^2 = k^2 \qquad (A.60)$$

直交直線座標系では x, y, z すべての成分の計量係数が1であるため補助ベクトルの成分としては3成分のいずれの方向でもよい．

A.3.2　円筒座標系

円筒座標系 (ρ, φ, z) では，補助ベクトルが φ 方向成分を持つときには計量係数が ρ

となるため，補助ベクトルの成分としてはρとzのときに有効である．このときのスカラー波動方程式を成分表示すれば次のようになる．

$$\frac{\partial}{\rho\partial\rho}\left(\rho\frac{\partial\phi}{\partial\rho}\right)+\frac{\partial^2\phi}{\rho^2\partial\varphi^2}+\frac{\partial^2\phi}{\partial z^2}+k^2\phi=0 \tag{A.61}$$

一般解はρ,φ,zの3方向に変数分離して以下のように求められる．

$$\phi=R(\rho)\Phi(\varphi)Z(z) \tag{A.62}$$

$$R(\rho)=A_\rho H_n^{(1)}(k_\rho\rho)+B_\rho H_n^{(2)}(k_\rho\rho)=C_\rho J_n(k_\rho\rho)+D_\rho N_n(k_\rho\rho) \tag{A.63}$$

$$\Phi(\varphi)=A_\varphi e^{jn\varphi}+B_\varphi e^{-jn\varphi}=C_\varphi \sin n\varphi+D_\varphi \cos n\varphi \tag{A.64}$$

$$Z(z)=A_z e^{jk_z z}+B_z e^{-jk_z z}=C_z \sin k_z z+D_z \cos k_z z \tag{A.65}$$

$$k_\rho^2+k_z^2=k^2 \tag{A.66}$$

ここで，$J_n(x)$，$N_n(x)$は，それぞれ第n次の第1種ベッセル関数と第2種のベッセル(Bessel)関数である．第1種のベッセル関数は単にベッセル関数と呼ばれ，第2種ベッセル関数はノイマン（Neumann）関数とも呼ばれる．また，$H_n(x)$は，第1種，第2種のハンケル（Hankel）関数であり，次のように定義される．

$$H_n^{(\frac{1}{2})}(x)=J_n(x)\pm jN_n(x) \tag{A.67}$$

A.3.3　球面座標系

球面座標系で計量係数が1となるのはr方向成分だけであり，補助ベクトルがr方向成分を持つときのスカラー波動方程式と，その変数分離解は以下のようになる．

$$\frac{1}{r^2}\frac{\partial}{\partial r}\left(r^2\frac{\partial\phi}{\partial r}\right)+\frac{\partial\theta}{r^2\sin\theta\,\partial\theta}\left(\sin\theta\frac{\partial\phi}{\partial\theta}\right)+\frac{1}{r^2\sin^2\theta}\frac{\partial^2\phi}{\partial\varphi^2}+k^2\phi=0 \tag{A.68}$$

$$\phi=R(r)\Theta(\theta)\Phi(\varphi) \tag{A.69}$$

$$R(r)=A_r h_r^{(1)}(kr)+B_r h_r^{(2)}(kr)=C_r j_n(kr)+D_r n_n(kr) \tag{A.70}$$

$$\Theta(\theta)=A_\theta P_n^m(\cos\theta)+B_\theta Q_n^m(\cos\theta) \tag{A.71}$$

$$\Phi(\varphi)=A_\varphi e^{jm\varphi}+B_\varphi e^{-jm\varphi}=C_\varphi \sin m\varphi+D_\varphi \cos m\varphi \tag{A.72}$$

ここで，$j_n(x)$，$n_n(x)$は，それぞれ第n次の第1種球ベッセル関数と第2種の球ベッセル関数である．第1種のベッセル関数は単に球ベッセル関数と呼ばれ，第2種ベッセル関数は球ノイマン関数とも呼ばれる．また，$h_n(x)$は，第1種，第2種のハンケル（Hankel）関数であり，次のように定義される．

$$h_n^{(\frac{1}{2})}(x)=j_n(x)\pm jn_n(x) \tag{A.73}$$

さらに，$P_n(x)$，$Q_n(x)$は第1種，第2種のルジャンドル（Legendre）関数である．これらの特殊関数については文献11を参照されたい．

A.4 波源分布が与えられたときの補助ベクトルの解

波源が与えられたときの補助ベクトルの解は以下のような手順で導出される．まず，無限空間内を考えると，スカラー波動方程式は距離 r のみの関数で次のように表される．

$$\nabla^2 \phi + k^2 \phi = 0 \tag{A.74}$$

$$\frac{1}{r^2}\frac{d}{dr}\left(r^2 \frac{d\phi}{dr}\right) + k^2 \phi = 0 \tag{A.75}$$

式 (A.75) の第1項の微分を行うと，

$$2\frac{d\phi}{dr} + r\frac{d^2\phi}{dr^2} + k^2 r \phi = 0 \tag{A.76}$$

上式は次のようにまとめられる．

$$\frac{d^2}{dr^2}(r\phi) + k^2(r\phi) = 0 \tag{A.77}$$

この一般解は任意定数を C として次のように与えられる．

$$\phi = C\frac{e^{-jkr}}{r} \tag{A.78}$$

式 (A.74) は波源の存在しないものであるが，波源として原点にデルタ関数を考えると，式 (3.10), (3.15) を考慮して次式の解を求めればよいことになる．

$$\nabla^2 \phi + k^2 \phi = -\delta(r) \tag{A.79}$$

式 (A.79) に式 (A.78) で得られた ϕ に対する解を代入して，原点の近傍の半径 r の球で両辺を体積積分した後，$r \to 0$ の極限値をとることから，定数 C の値は次のようになる．

$$C = \frac{1}{4\pi} \tag{A.80}$$

したがって，デルタ関数を波源にもつスカラー波動方程式の解が求められる．

$$\phi = \frac{e^{-jkr}}{4\pi r} \tag{A.81}$$

波源が空間中に $J(\boldsymbol{r}_0)$ として分布しているときには，上式の線形和として次のように解が表される．

$$\phi = \int_v \frac{J(\boldsymbol{r}_0)}{4\pi|\boldsymbol{r}-\boldsymbol{r}_0|} e^{-jk|\boldsymbol{r}-\boldsymbol{r}_0|} dv \tag{A.82}$$

演習問題略解

2.1 2.25 cm (100 MHz), 0.71 cm (1 GHz)

2.2 $|E_x| = E_0 \sqrt{1 + 2\Gamma \cos 2k(z-L) + \Gamma^2}$

2.3 $\boldsymbol{E} = (\boldsymbol{x}+j\boldsymbol{y}) E e^{-jkz} + (\boldsymbol{x}-j\boldsymbol{y}) E e^{-jkz}$
$= 2E e^{-jkz} \boldsymbol{x}$

2.4 1, 2.3

2.5 ヒント $\Gamma_1 = \dfrac{r_1 - Z_0}{r_1 + Z_0}$, $\Gamma_2 = \dfrac{r_2 - Z_0}{r_2 + Z_0}$, $\rho = \dfrac{1+|\Gamma|}{1-|\Gamma|}$

2.6 p.45

2.7 2.58〜5.16 GHz

3.1 ヒント 式 (3.19) を式 (3.12) に代入

3.2 $j\dfrac{k\eta I_0}{\pi} \dfrac{e^{-jkr}}{r} \dfrac{\sin(\pi \cos\theta)}{\sin\theta}$

3.3 $R_r = \dfrac{M^2}{P_t} = 180 \left(\dfrac{\lambda}{l}\right)^2$

3.4 0.53 μV

3.5 36.3 dB, 37.0 dB, 37.6 dB

3.6 $D_S = -\dfrac{e^{-jkr_0}}{4\pi r_0} \left(\dfrac{\pi/a}{(\pi/a)^2 - u^2} \sin u\right) \dfrac{\sin v}{v}$

3.7 $\dfrac{1}{3} \dfrac{\sin\left(\dfrac{3\pi}{2}\sin\theta\right)}{\sin\left(\dfrac{\pi}{2}\sin\theta\right)}$

3.8 $D = 1 + je^{j\left(\frac{\pi}{2}\cos\theta\right)}$

4.1 0.077 V/m

4.2 60.4 m

4.3 4.5.1 項参照

4.4 4.3.5 項参照

4.5 略

4.6 15.3 MHz

4.7 4.4.5 項参照

演習問題略解

- **4.8** 4.4.4 項参照
- **4.9** 4.6.1 項参照
- **4.10** 4.6.2 項参照

- **5.1** 5.1 節参照
- **5.2** 13.7 dB
- **5.3** 5.2 節参照
- **5.4** 5.3 節参照
- **5.5** 5.4.2 項参照
- **5.6** 2.46×10^{-11} W
- **5.7** 5.5.3 項参照
- **5.8** 5.6 節参照

索引
(五十音順)

≪用語索引≫

あ 行

アップリンク ……………128
アポジモータ ……………127
アレイアンテナ……………81
アンテナパターン …………53
アンペールの周回積分の法則
　…………………………10

イオンサイクロトロン
　周波数帯加熱 …………147
位相定数……………………18
位相変調 …………………125
一次加熱 …………………146
一次放射器…………………75
移動体衛星通信 …………130
移動体通信 ………………130
異方性媒質…………………14
色信号副搬送波 …………138
インテルサット …………128
インピーダンス整合度……62
インピーダンスの整合……35
インマルサット …………130

右旋偏波……………………30
打ち上げ上昇軌道 ………127
宇宙雑音 ……………120, 128

衛星航法システム ………144
衛星通信 …………………126
映像信号 …………………138

映像信号搬送波 …………139
エンドファイアアレイ……84
円偏波 …………30, 129, 140

オーバラップゾーン ……131
オーロラ …………………114
オフセットパラボラアンテナ
　…………………………78
オメガ航法 ………………144
重み関数……………………66
音波…………………………17

か 行

開口効率……………………64
海上遭難安全通信システム
　…………………………130
回折係数……………………98
回折波………………………98
回折フェージング ………116
外部雑音 …………………120
角周波数……………………15
拡張されたアンペールの
　周回積分の法則……12
角度ダイバーシチ ………118
核融合 ……………………146
カセグレンアンテナ………77
仮想境界……………………67
カットオフ波数 ……………39
カットオフ波長……………40
過変調 ……………………135
干渉性フェージング ……115

干渉領域……………………98
管内波長……………………40

寄生素子……………………84
超電力法……………………65
輝度信号 …………………138
基本モード…………………43
逆旋…………………………30
吸収性フェージング ……116
給電素子……………………84
境界条件……………………18
共相励振……………………83
銀河雑音 ……………120, 128
近距離フェージング ……116

空間ダイバーシチ ………117
空間波………………………92
空港監視レーダ …………143
屈折指数 …………………104
クラッタ …………………143
クリアランス係数…………98
グレーティングローブ……82

携帯電話 …………………130
減少性フェージング ……116
減衰定数……………………18

航空距監視レーダ ………143
高周波加熱 ………………146
ゴースト……………………27
小型アンテナ………………86

索引

黒点 …………………114
コセカント2乗 …………143
コンパチブル方式 ………138
コンフォーマルアンテナ
　……………………86

さ　行

最高利用可能周波数 ……114
最大探知可能距離 ………142
最低利用可能周波数 ……114
最適使用周波数 …………114
サイドローブ ………………57
左旋偏波 ……………………30
山岳利得 ……………………99
サンプリング ……………125
残留側波帯方式 …………139

時間因子 ……………………15
磁気嵐 ……………………114
磁気的横波 …………………38
磁気閉じこめ方式 ………146
指向性ダイバーシチ ……118
指向性利得 …………………63
実行長 ………………………59
自動車電話 ………………130
自動利得調整 ……………125
周回衛星 …………………126
自由空間の伝搬損失 ………95
修正屈折指数 ……………104
修正屈折率 ………………104
周波数 …………………………8
周波数選択性フェージング
　………………………117
周波数ダイバーシチ ……118
周波数変調 ………………123
受信開放電圧 ………………60

受信断面積 …………………61
受信電力 ……………………60
受信有能電力 ………………60
主ローブ ……………………57
準静電界 ……………………51
小ゾーン …………………131
磁流 …………………………30
磁流モーメント ……………79
シンチレーションフェージング
　………………………116
振幅変調 …………………123

垂直消去期間 ……………137
水平帰線消去期間 ………137
スカラーポテンシャル……48
スコア衛星 ………………128
ステレオ放送 ……………136
スネルの法則 ………………25
スポラディックE層 ……113
スロット ……………………78
スロットアンテナ …………30

正割法則 …………………112
制御ゾーン ………………132
静止衛星 …………………126
精測進入レーダ …………143
セクター方式 ……………134
絶対利得 ……………………63
接地型ダクト ……………106
線状アンテナ ………………87
選択切り替えダイバーシチ
　方式 …………………134

走査線 ……………………137
相対定理 ……………………31
相対利得 ……………………63

た　行

大地回折波 …………………93
ダイバーシチ受信 ………117
ダイバーシチ利得 ………119
太陽光発電衛星 …………147
太陽フレア ………………114
対流圏 ………………………93
対流圏散乱波 ………………93
対流圏波 ……………………93
ダウンリンク ……………128
楕円偏波 ……………………30
ダクト ……………………106
ダクト型フェージング
　………………………115
多重波伝搬 ………………115
多層分割モデル …………100
縦波 …………………………17
単一ゾーン ………………130

遅延ポテンシャル …………53
地上波 ………………………92
地表波 ………………………92
中央値 ……………………119
柱状アンテナ ………………65
中性粒子加熱 ……………146
跳躍フェージング ………116
直接波 …………………92, 93
直線偏波 ……………29, 129
直交偏波 ……………………24

追加熱 ……………………146
通信衛星 ………………………6

低域混成波加熱 …………147
定在波 ………………………21

定在波比	34	
デッカ航法	144	
デリンジャ現象	114	
テルスター衛星	128	
テレビジョン	134	
電気的体積	86	
電気的横波	38	
電子サイクロトロン周波数帯加熱	147	
電磁界の相対性	31	
電磁波	1, 17	
電磁波加熱	146	
電子レンジ	146	
伝送路	32	
電波	8, 17	
電波吸収体	27	
電波航法	143	
電波の窓	128	
伝搬定数	17	
電離層	93	
電離層波	93	
電離層伝搬波	108	
電流モーメント	79	
等価雑音温度	121, 129	
等価電磁流	68	
透過波	23	
等価誘電率	87	
同期性フェージング	117	
動作利得	64	
同軸線路	32	
同旋	30	
導波管	36	
導波器	84	
等方性	14	
等方性アンテナ	54	

な 行

- 特性インピーダンス……34
- ドップラー効果……132
- トランスファ軌道……127
- ドリフト軌道……127
- ナイフエッジ……97
- 内部雑音……120
- ナル点……57
- 二次監視レーダ……143
- 入射波……21, 23
- 入射面……23
- 入力インピーダンス……65

は 行

- パーキング軌道……127
- ハイトパターン……26
- ハイビジョン……140
- ハイブリッドモード……38
- パイロット信号……136
- 波長……8
- バックローブ……57
- 波動インピーダンス……17
- バビネの原理……31
- パラボラアンテナ……75
- 反射器……84
- 反射係数……22
- 反射波……21, 23
- 半値幅……57
- 半波長ダイポールアンテナ……54
- ビオ・サバールの法則……51
- ビームチルト角……83
- 光ファイバ……5
- 微小磁流素子……52
- 微小電流素子……50
- 標準形 M 曲線……106
- 表皮厚……18
- 表皮抵抗……18
- ファラデーの法則……10, 12
- フィールド……137
- フェージング……115
- フェルマの原理……95
- ブライト・チューブの定理……112
- プラズマ……146
- プラズマ周波数……109
- ブリュスター角……27
- フレーム……137
- フレネルゾーン……100
- ブロードサイドアレイ……84
- 平面アンテナ……86
- 平面波……15
- 平行偏波……23
- ページャシステム……130
- ベクトルヘルムホルツ方程式……15
- ヘルムホルツ方程式……15
- 変位電流……12
- 偏波……28
- 偏波性フェージング……116
- 偏波ダイバーシチ……118
- ホイヘンスの原理……68
- ポインティングベクトル……27
- 放射界……51
- 放射指向性……53

放射パターン······53
放送衛星······140
補助ベクトルA······48

ま 行

マイクロストリップアンテナ
　　······87
マイクロ波······8
マイクロ波回線······122
マグネトロン······146
マックスウェルの基礎方程式
　　······13
マックスウェルの方程式
　　······10, 13

みかけの高さ······110

無指向性······53

メインビーム······57
面電流密度······20

モーメント法······66
文字多重放送······137
モノラル放送······136

や 行

八木・宇田アンテナ······84

誘導界······51

ら 行

ラジオ······134
ラジオダクト······107
ラジオダクト波······93

利得······62
リモートセンシング······141
流星バースト······115
臨界周波数······112

累積分布······118

レイリー確率紙······118
レイリー散乱······107
レイリー分布······118
レーダ······141
レーダ断面積······142
レーダ方程式······142
レクテナ······147
レッヘル線······54

ローレンツ条件······48
ロッドアンテナ······86
ロラン······143

わ 行

ワイヤーグリット法······67

欧 文

AGC······125
airport surveillance
　　radar······143
air route surveillance
　　radar······143
AM······123
AMステレオ······135
AM放送······135
ARSR······143
ASR······143

BPSK······125

D層······112
DBS······112

E層······112
E面指向性······57
Eモード······38
Eモードの特性インピー
　　ダンス······41
electromagnetic wave
　　······1

F層······112
FB比······57
FM······123
FM放送······135
F_1層······112
F_2層······112

GMDSS······130
GPS······145
G/T······129

H面指向性······57
Hモード······38
Hモードの特性インピー
　　ダンス······43

INMARSAT······130
INTELSAT······128

K型フェージング······115

lobe······57
LORAN······143

索引

MCAシステム …………130	radar …………143	secondary surveillance radar …………143
NTSC方式 …………138	QPSK …………125	SPS …………147
		SSB …………123
PAL方式 …………138	RF加熱 …………146	SSR …………143
PAR…………143		
PCM…………140	S型ダクト …………106	TEモード …………38
PM …………125	SECAM方式 …………138	TMモード …………38
precision approach		

≪人名索引≫

あ行

アップルトン …………110
アンペール…………2, 10

エルステッド…………2, 10

か行

ガウス…………13

キャベンディシュ …………2

クーロン …………2
クラーク,アーサー・C

…………126

ケネリー …………4, 110

な行

ノイマン …………12

は行

バビネ …………31

ファラデー…………2, 11

ヘビサイド …………1, 110
ヘルツ …………2

ヘルムホルツ…………15

ポインティング…………27

ま行

マックスウェル …………1
マルコーニ …………3

モールス …………3

ら行

レンツ…………12

ロッジ …………2

著者略歴

後藤 尚久(ごとう なおひさ)
- 1959年 東京工業大学工学部電気工学科卒業
  東京工業大学工学部電気・電子工学科教授をへて，拓殖大学工学部教授
- 現　在 東京工業大学名誉教授
  工学博士

新井 宏之(あらい ひろゆき)
- 1982年 東京工業大学工学部電気・電子工学科卒業
- 現　在 横浜国立大学工学研究院教授
  工学博士

電 波 工 学　　　　　　　　定価はカバーに表示

1992年5月18日　初版第1刷
2014年9月15日　新版第1刷

　　　　　　　　著　者　後　藤　尚　久
　　　　　　　　　　　　新　井　宏　之
　　　　　　　　発行者　朝　倉　邦　造
　　　　　　　　発行所　株式会社 朝　倉　書　店
　　　　　　　　　　　　東京都新宿区新小川町6-29
　　　　　　　　　　　　郵便番号　162-8707
　　　　　　　　　　　　電話　03(3260)0141
　　　　　　　　　　　　FAX　03(3260)0180
　　　　　　　　　　　　http://www.asakura.co.jp

〈検印省略〉

© 2014〈無断複写・転載を禁ず〉

ISBN 978-4-254-22058-2　C 3054

JCOPY　〈(社)出版者著作権管理機構 委託出版物〉

本書の無断複写は著作権法上での例外を除き禁じられています．複写される場合は，そのつど事前に，(社)出版者著作権管理機構(電話03-3513-6969，FAX 03-3513-6979，e-mail:info@jcopy.or.jp)の許諾を得てください．

前広島工大 中村正孝・広島工大 沖根光夫・広島工大 重広孝則著 電気・電子工学テキストシリーズ3 **電　気　回　路** 22833-5 C3354　　B5判 160頁 本体3200円	工科系学生向けのテキスト。電気回路の基礎から丁寧に説き起こす。〔内容〕交流電圧・電流・電力／交流回路／回路方程式と諸定理／リアクタンス1端子対回路の合成／3相交流回路／非正弦波交流回路／分布定数回路／基本回路の過渡現象／他
東北大 山田博仁著 電気・電子工学基礎シリーズ7 **電　気　回　路** 22877-9 C3354　　A5判 176頁 本体2600円	電磁気学との関係について明確にし，電気回路学に現れる様々な仮定や現象の物理的意味について詳述した教科書。〔内容〕電気回路の基本法則／回路素子／交流回路／回路方程式／線形回路において成り立つ諸定理／二端子対回路／分布定数回路
前九大 香田 徹・九大 吉田啓二著 電気電子工学シリーズ2 **電　気　回　路** 22897-7 C3354　　A5判 264頁 本体3200円	電気・電子系の学科で必須の電気回路を，初学年生のためにわかりやすく丁寧に解説。〔内容〕回路の変数と回路の法則／正弦波と複素数／交流回路と計算法／直列回路と共振回路／回路に関する諸定理／能動2ポート回路／3相交流回路／他
前京大 奥村浩士著 **電　気　回　路　理　論** 22049-0 C3054　　A5判 288頁 本体4600円	ソフトウェア時代に合った本格的電気回路理論。〔内容〕基本知識／テブナンの定理等／グラフ理論／カットセット解析等／テレゲンの定理等／簡単な線形回路の応答／ラプラス変換／たたみ込み積分等／散乱行列等／状態方程式等／問題解答
信州大 上村喜一著 **基　礎　電　子　回　路** ―回路図を読みとく― 22158-9 C3055　　A5判 212頁 本体3200円	回路図を読み解き・理解できるための待望の書。全150図。〔内容〕直流・交流回路の解析／2端子対回路と増幅回路／半導体素子の等価回路／バイアス回路／基本増幅回路／結合回路と多段増幅回路／帰還増幅と発振回路／差動増幅回路／付録
前工学院大 曽根 悟訳 **図解　電　子　回　路　必　携** 22157-2 C3055　　A5判 232頁 本体4200円	電子回路の基本原理をテーマごとに1頁で簡潔・丁寧にまとめられたテキスト。〔内容〕直流回路／交流回路／ダイオード／接合トランジスタ／エミッタ接地増幅器／入出力インピーダンス／過渡現象／デジタル回路／演算増幅器／電源回路，他
前広島国際大 菅 博・広島工大 玉野和保・青学大 井出英人・広島工大 米沢良治著 電気・電子工学テキストシリーズ7 **電　気　・　電　子　計　測** 22831-1 C3354　　B5判 152頁 本体2900円	工科系学生向けテキスト。電気・電子計測の基礎から順を追って平易に解説。〔内容〕第1編「電磁気計測」(19教程)―測定の基礎／電気計器／検流計／他。第2編「電子計測」(13教程)―電気計測システム／センサ／データ変換／変換器／他
前理科大 大森俊一・前工学院大 根岸照雄・前工学院大 中根 央著 **基　礎　電　気　・　電　子　計　測** 22046-9 C3054　　A5判 192頁 本体2800円	電気計測の基礎を中心に解説した教科書，および若手技術者のための参考書。〔内容〕計測の基礎／電気・電子計測器／計測システム／電流，電圧の測定／電力の測定／抵抗，インピーダンスの測定／周波数，波形の測定／磁気測定／光測定／他
九大 岡田龍雄・九大 船木和夫著 電気電子工学シリーズ1 **電　磁　気　学** 22896-0 C3354　　A5判 192頁 本体2800円	学部初学年の学生のためにわかりやすく，ていねいに解説した教科書。静電気のクーロンの法則から始めて定常電流界，定常電流が作る磁界，電磁誘導の法則を記述し，その集大成としてマクスウェルの方程式へとたどり着く構成とした
元大阪府大 沢新之輔・摂南大 小川英一・前愛媛大 小野和雄著 エース電気・電子・情報工学シリーズ **エ　ー　ス　電　磁　気　学** 22741-3 C3354　　A5判 232頁 本体3400円	演習問題と詳解を備えた初学者用大好評教科書。〔内容〕電磁気学序説／真空中の静電界／導体系／誘電体／静電界の解法／電流／真空中の静磁界／磁性体と静磁界／電磁誘導／マクスウェルの方程式と電磁波／付録：ベクトル演算，立体角

上記価格（税別）は 2014 年 8 月現在